燕麦种质资源评价方法及品种选育技术

◉ 孙彦　李跃　编著

YANMAI ZHONGZHI ZIYUAN PINGJIA FANGFA
JI PINZHONG XUANYU JISHU

中国农业科学技术出版社

图书在版编目（CIP）数据

燕麦种质资源评价方法及品种选育技术 / 孙彦，李跃编著． -- 北京：中国农业科学技术出版社，2025.9.
ISBN 978-7-5116-7523-1

Ⅰ．S512.6

中国国家版本馆 CIP 数据核字第 2025Y32883 号

责任编辑	陶　莲
责任校对	王　彦
责任印制	姜义伟　王思文

出 版 者	中国农业科学技术出版社
	北京市中关村南大街 12 号　　邮编：100081
电　　话	（010）82109705（编辑室）　（010）82106624（发行部）
	（010）82109709（读者服务部）
网　　址	https：// castp.caas.cn
经 销 者	各地新华书店
印 刷 者	北京建宏印刷有限公司
开　　本	148 mm × 210 mm　1/32
印　　张	9.75
字　　数	253 千字
版　　次	2025 年 9 月第 1 版　　2025 年 9 月第 1 次印刷
定　　价	98.00 元

━━━◆ 版权所有·侵权必究 ◆━━━

作者简介

孙彦,女,1965年10月生,蒙古族,内蒙古通辽市科左中旗人。本科毕业于内蒙古农业大学,硕士和博士毕业于中国农业大学。现为中国农业大学草业科学与技术学院教授,博士生导师。现任中国草学会草坪专业委员会主任;国际草坪学会(International Turfgrass Society,ITS)常务理事(ITS Director);国际种子检验协会认可实验室——中国农业大学牧草种子实验室副主任兼技术负责人;农业农村部牧草与草坪草种子质量监督检验测试中心(北京)副主任兼技术负责人;草业科学北京市重点实验室副主任;中国农业大学植被修复工程技术研究中心主任;2016年10月至2017年8月为美国罗格斯大学访问学者;全国科学技术名词审定委员会第一届草学名词审定委员会委员。2016年鄂尔多斯市政府特聘科技专家;2019年被甘肃岷县人民政府聘为"草产业发展特聘科技专家";2022年被聘为内蒙古生态修复专家。

一直从事草坪科学教学及草种质资源收集评价、种子检验的科研工作,主要研究方向是燕麦和低养护生态草兼草坪草抗逆育种;主持国家自然科学基金及省部级等项目13项,参加国家重大农业科技项目、重点研发项目、国家现代产业技术体系、863、科技支撑等国家及省部级课题20余项。已发表学术论文100余篇,主编/副主编教材和著作11部。育成生态草兼草坪草及牧草新品种9个,获授权国家发明专利12项。获省部级科技奖二等奖/三等奖8项,主持和参与制定国家及行业标准10项。

主持饲用燕麦相关项目：

主持"十四五"国家重点研发计划重点专项"主要牧草优异性状形成的分子基础"项目的子课题"饲用燕麦生物量形成分子机制解析"（项目编号：2022YFF1003201）；与宁夏大学合作主持宁夏自治区农业育种专项"宁夏盐碱地适生优质饲草新品种选育及良种繁育"课题（项目编号：2019NYYZ0401）和宁夏重点研发计划项目"宁夏饲用燕麦种质资源高效评价鉴定技术与应用"（项目编号：2022BDE92070）以及宁夏自治区重点研发计划后支持项目"宁夏湖南稷子和饲用燕麦良种繁育技术研究与示范"（项目编号：2022BBF02030）子课题；主持内蒙古乌兰察布市"揭榜挂帅"项目"饲用燕麦新品种选育及配套生产技术示范推广"等。

李跃，男，1986年10月6日出生，博士，中国农业大学实验师。

李跃博士从事牧草、草坪草抗逆育种科研工作十余年，先后主持参与国家自然科学基金及省部级等项目7项。主持内蒙古乌兰察布市"揭榜挂帅"项目"饲用燕麦新品种选育及配套生产技术示范推广"的子课题。已发表学术论文20余篇，参编著作1部。育成草坪草与牧草新品种3个，获授权国家发明专利2项。

内容简介

本书系统阐述了燕麦种质资源的收集、评价及品种选育的理论与技术，旨在为燕麦科研工作者、育种专家及相关从业人员提供全面的参考指南。全书共分五章，内容涵盖燕麦的分布与起源、种质资源分类与保存、植物学特征与生物学特性、种质资源评价体系及现代育种技术，兼具科学性与实用性。本书整合了国内外最新研究成果与编著者的实践经验，立足我国燕麦产业发展需求，系统整合燕麦种质资源评价与品种选育的理论体系和技术方法，为农业科研机构、育种专家及种业企业提供全面的技术参考，推动燕麦种质资源的高效利用与品种改良，为我国燕麦产业高质量发展提供科技支撑。

前言

未来几十年农业全产业链（包括种植业、畜牧业、种业等）将面临多维度、系统性的挑战。这些挑战相互交织，形成复杂的"问题网络"。人口的增长、资源环境的约束、技术瓶颈、市场与贸易波动、气候变化、社会与政策变迁等所带来的挑战不容小觑。农业除了必须满足人类的食品、家畜的饲料和纤维需求外，还要使全产业可持续发展，也就是说，不能对当前及后代的环境造成负面影响。

未来农业和生物经济的发展不仅需要提升作物产量，更需要通过精准育种来优化作物的多元化特性，以满足不同终端用途的需求。这一趋势正在推动植物育种从"高产导向"向"功能定制化"转型。因此，植物育种在满足这些挑战方面发挥着核心作用。植物种质资源评价与新种质创制是现代农业育种体系的核心引擎，其作用可形象比喻为"育种创新的DNA双螺旋结构"——种质资源评价是发现遗传密码的基础，而新种质创制则是重组优化这些密码的关键手段。

饲草既是草食畜牧业发展的重要日粮基础，也是畜牧业发展的重要组成部分，草牧业高质量发展离不开优质饲草草种与品种。草种子是草产业的"芯片",芯片核心就是核心种质资源。没有良好的种质资源,没有高效评价鉴定技术,加快创制优良品种无从谈起。我国草种业发展的短板主要是:种质资源保护与利用不足;育种创新能力薄弱,优良品种严重短缺;生产体系效率低下;草种认证缺失,草种企业规模小,研发投入低,缺乏国际竞争力。种业深层次的核心竞争力体现在拥有和控制种质遗传资源,开展草种质资源评价鉴定,提高草种质利用率,提升我国草种业在国际上的竞争力,改变"洋"草种子主导中国市场局面已势在必行。

燕麦作为一种多功能粮饲兼用型作物,在农业可持续发展和畜牧业转型升级中扮演着不可替代的角色。其独特的生物学特性和营养价值使其成为应对粮食安全、生态保护与健康消费需求的关键作物。我国预计每年需要70万t草种,全国草种生产能力不足需求的15%。饲用燕麦国内需求在逐年增加,种植面积随之逐渐扩大,虽然我国国产品种育种和应用都在提升,但燕麦缺口仍然很大,燕麦种子仍以进口为主,而目前适宜我国各地区环境条件自主燕麦品种匮乏,是草牧业发展"卡脖子"的问题,加强和提升燕麦种质资源精准鉴定与评价,构建具有中国特色的燕麦种质资源高效评价鉴定体系,加快燕麦育种和生产应用进程,推动育种创新和产业升级,满足我国草牧业高质量、健康发展的需求具有非常重要的意义。

本书撰写分工:第1章,第2章,第3章,第4章,附录2、附录3由孙彦撰写;第5章、附录1由李跃撰写,全书模式图绘画:支旭欣;书中图片:由孙彦、李跃提供,硕士研究生王玉婷在植株拍照上给予了大力帮助,科研期间在校研究生均付出了很多贡献。中国农业大学周禾教授在书稿内容上给予了宝贵的修改建议。本书出版得到了宁夏回族自治区重点研发计划项目"宁夏湖南稷子和饲用燕麦良种繁育技术研究与示范"(项目编号:2022BBF02030)和国家"十四五"重点研发项目子课题"饲用燕麦生物量形式分子机制解析"（项目编号：2022YFF1003201）的资助。在燕麦的科研和本书的撰写期间得到了许多老师和企事业单位同仁的支持和帮助，在此一并感谢。期望本书能为从事燕麦研究的科研人员、育种企业和农业技术推广工作者提供系统性的方法指导，也为相关专业研究生提供一本理论与实践并重的参考教材。更希望通过本书的传播应用，推动我国燕麦种业从"跟跑"向"领跑"转变，为全球燕麦产业发展贡献中国智慧。

由于编著者水平有限，书中难免存在疏漏之处，恳请广大读者批评指正。

编著者
2025年1月于北京

目 录

第1章 概 述 … 1
1.1 燕麦的价值 … 1
1.2 燕麦的分布 … 3
1.3 燕麦的起源 … 5
1.4 燕麦产业现状及发展 … 8

第2章 燕麦的种质资源 … 15
2.1 燕麦资源的分类 … 15
2.2 燕麦基因组 … 22
2.3 燕麦基因池 … 23
2.4 利用外来基因改良燕麦 … 26
2.5 燕麦种质资源收集与保存 … 28

第3章 燕麦植物学特征和生物学特性 … 33
3.1 燕麦植物学特征 … 33
3.2 燕麦的生长发育和生物学特性 … 47
3.3 燕麦不同生育期性状特征与观测 … 65
3.4 燕麦优质高产生产的影响因素 … 88

第4章 燕麦资源评价 93

- 4.1 评价目的 93
- 4.2 评价方法 95
- 4.3 评价流程 100
- 4.4 燕麦新品种申报 101
- 4.5 燕麦新品种特异性、一致性、稳定性测试 114

第5章 燕麦品种选育技术 125

- 5.1 系统育种 125
- 5.2 杂交育种 127
- 5.3 种内杂交育种 129
- 5.4 远缘杂交育种 131
- 5.5 诱变育种 141
- 5.6 双单倍体育种 146
- 5.7 多倍体燕麦创制方法 151
- 5.8 分子标记辅助选择育种技术 156
- 5.9 基因组选择育种 165
- 5.10 基因工程育种 167
- 5.11 育种相关细胞和分子生物学技术 179
- 5.12 燕麦品种真实性鉴定技术 205

参考文献 211

附 录 219

- 附录1 术语和定义 220
- 附录2 燕麦相关附表 228
- 附录3 附图 290

第1章

概　述

1.1　燕麦①的价值

燕麦是一种粮饲兼用型作物，也是我国重要的杂粮作物之一，还是世界第六大粮食作物。据美国农业部统计，2021年6月至2025年6月全球年均燕麦产量为2 258.8万t、年均消费量为2 269.9万t，年均库存量为275.6万t，年均进出口贸易量均为254.5万t（USDA，2025）。

栽培的燕麦分为带稃型和裸粒型两大类，带稃型燕麦籽粒带壳，称为皮燕麦（*Avena sativa* L.），裸粒型燕麦籽粒不带壳，称为裸燕麦，即是我们广泛认知的莜麦 [*Avena chinensis*（Fisch. ex Roem. & Schult.）Metzg.]。

燕麦的营养价值体现在对人类和动物营养贡献的两个层面。燕麦是人类营养全面、健康效益显著的健康食品，燕麦蛋白质含量高达14%~20%，远超小麦（约13.5%）、水稻（约7.4%）、玉米（约7.4%）和大麦（约9.2%），且含有人体必需的8种氨基酸，赖

---

①　书中燕麦通常是指禾本科燕麦属一年生草本植物中的一个物种（*Avena sativa* L.）。广义的燕麦是禾本科燕麦属植物的统称。

氨酸含量尤为突出，接近理想蛋白质模式，是优质的植物蛋白来源（Chu，2014）。燕麦的健康益处在很大程度上归因于其独特的化学成分和营养成分，从营养角度来看，燕麦提供了许多必需营养素。燕麦是膳食纤维（主要是可溶性纤维β-葡聚糖）、硫胺素、叶酸、铁、镁、铜和锌的重要来源（Chu，2014）。燕麦的总膳食纤维含量较高（约12%），其中可溶性纤维（β-葡聚糖）占1/3，不可溶性纤维占2/3（Webster和Wood，2011）。β-葡聚糖为有多种健康益处的多糖，具有调节血脂、降低血清胆固醇、增强免疫力等功能，这就是摄入燕麦后可降低胆固醇、餐后血糖水平和血脂的原因（Chu，2014；Go等，2012）。此外，燕麦是钾的极佳来源，且钠含量低，钠钾比小于1。燕麦中的燕麦蒽酰胺是一种植物营养素，具有抗炎和抗氧化活性，可能对皮肤健康有益，胶态燕麦粉也被用于缓解皮肤刺激、瘙痒、清洁及保湿。燕麦中的黄酮类化合物也可能具有抗紫外线A辐射的作用，燕麦中的维生素E、酚酸、黄酮等，可延缓衰老，降低慢性病风险（Chu，2014）。1997年，美国食品药品监督管理局（FDA）认定燕麦为功能性食物，认为其具有降低胆固醇、平稳血糖的功效。美国《时代》杂志评选的"全球十大健康食物"中，燕麦位列第五，是唯一上榜的谷类食物。

燕麦同样也是家畜的优质饲料，适口性好，可采用放牧、鲜草、干草、颗粒、青贮等多种形式的应用方式，粮用燕麦秸秆和籽实也是家畜优良饲料（Webster和Wood，2011）。燕麦是马最喜爱的谷物之一，偏好测试表明马更倾向于选择燕麦。与其他谷物相比，燕麦的淀粉含量较低，籽实和干草的高纤维含量较高，被认为是马匹更"安全"的饲料，尤其是对于赛马的健康来说，燕麦更适宜作为饲料（Welch，1995）。饲喂全燕麦的蛋鸡在产蛋量、蛋重、饲料效率及破损率上均优于全大麦或全小麦组，同时降低了每千克蛋的代谢能消耗，提高了经济效益（AI-Bustany和Elwinger，1988）。燕麦干草青贮的营养价值高于玉米青贮，饲喂阉牛可使其每日增重提高（Welch，1995）。Lindemann等（1983）证实了高蛋白燕麦在猪生长育肥饲料中的有用性。用氢氧化钠处理整粒燕麦也能提高羔羊的饲料转化率、消化率和生长速度（Orskov等，1981）。

总之，燕麦不单是人类和家畜的粮食益草，在药用、生态等方面也具有很大的发展潜力。

1.2 燕麦的分布

1.2.1 世界燕麦分布

世界燕麦主要分布在北半球的温带地区，温带凉爽潮湿的气候最适合燕麦生长，而温暖相对热的区域生长不佳。燕麦更容易受到炎热干燥天气的伤害，尤其是在灌浆期（Welch，1995）。因此，在气候湿热的非洲、亚洲或南美洲的热带和亚热带地区极少种植燕麦，多为冬季繁育之用。在阳光明媚的地中海较热的地区和温带北部较冷的地区，种植也很少。在北半球，北美、欧洲和亚洲的主要燕麦种植区位于北纬40°~60°。海洋性气候也有助于维持北欧几个国家的温和气温，从而实现燕麦高产。高产燕麦也种植在南美洲、澳大利亚和新西兰，但这些国家的产量只占世界产量的一小部分。在澳大利亚，主要的燕麦产地位于南纬23°~30°。燕麦植株在苗期和分蘖期能忍受相当的寒冷。在美国宾夕法尼亚州，通常深2.5 cm的土壤温度为-12℃时，会使冬燕麦品种死亡，但在-5℃的土壤温度下，更耐寒的品种可以存活。当燕麦生长在高海拔或高纬度地区时，它们在生理成熟之前的成株受到秋季霜冻的伤害比在生长早期受到霜冻的伤害更易发生（Welch，1995）。燕麦对炎热的抵抗力不如小麦或大麦。但燕麦优点是它可以在其他谷物作物无法生长的非常贫瘠的土壤中生存。

1.2.2　我国燕麦分布

我国燕麦主要分布于华北、西北、西南以及东北地区。种植主要集中在3个区域。一是华北早熟燕麦区，包括内蒙古的土默特平原和山西的大同盆地，该地区地势平坦，海拔1 000 m左右，年降水量300～400 mm，且年际间、月季间变动大，年均温4～6℃；二是北方中、晚熟燕麦区，包括新疆、甘肃、青海、陕西、宁夏、内蒙古的阴山南北、山西晋西北高原及太行山、吕梁地区、河北坝上地区、北京的燕山山区和黑龙江大小兴安岭，本区地形极为复杂，海拔500～1 700 m，干旱、多风，年降水量300～450 mm，年均温2.5～6℃；三是西南晚熟燕麦区，主要分布在云南、贵州、四川的高山和平坝区，年降水量1 000 mm左右，年均温5℃。目前我国燕麦种植分布逐步扩大，一些夏季相对热的区域也开始种植燕麦，如：山东、内蒙古东部、河北南部等地区。云南、海南、广州等地也是北方育种者燕麦南繁选择之地。

中国种植燕麦已有2 100年之久，种植的燕麦主要有两个物种，即栽培普通燕麦又称燕麦、皮燕麦（*Avena sativa* L.）和大粒裸燕麦又称莜麦、裸燕麦［*A. chinensis*（Fisch. ex Roem. & Schult）Metzg.］。在主产区的内蒙古、河北、山西和西南地区的四川、云南、贵州等地，种植的主要是莜麦；而西北地区的甘肃、青海、新疆等地种植的主要是皮燕麦。

燕麦具有耐瘠薄、耐盐碱、耐干旱、耐严寒等耐极端环境的突出特点，随着我国畜牧业快速发展的强劲需求，燕麦已发展成为重要的饲用作物,燕麦产业得到进一步发展。

1.3 燕麦的起源

燕麦的起源可以追溯到亚洲和欧洲的古代文明。燕麦属物种约在800万年前产生。目前认为燕麦有四大世界起源中心:第一是中国西部;第二是地中海北岸;第三是前亚伊朗高原一带;第四是东非的埃塞俄比亚高原。我国西部地区是裸燕麦的起源地,该区地形极为复杂,海拔1 500~3 000 m,绝大部分地区年均温-5~11℃,全年降水量500 mm以下。起源于其他3个地区的燕麦为皮燕麦。历史记载表明,早在公元前2000年前后,古埃及就开始种植燕麦了。埃及人最初将燕麦用于医疗,认识到它们治疗各种疾病的潜力。此外,燕麦偶尔也被用于宗教仪式和祭祀神灵。随着贸易和探险的繁荣,燕麦在青铜时代进入了欧洲。然而,直到中世纪,燕麦才作为一种主食广泛流行起来,尤其是在苏格兰,那里凉爽潮湿的气候使燕麦茁壮成长。燕麦又由欧洲殖民者引入美洲,最初,燕麦主要种植在气候适宜的北部地区,如加拿大和美国的部分地区。随着时间的推移,燕麦的种植扩展到其他地区,使其成为北美的重要作物。如今,世界上许多国家都种植燕麦,其中俄罗斯、加拿大和美国是主要的生产国。

燕麦源自许多二倍体(14条染色体)和四倍体野生种。目前栽培的燕麦被认为源于两个主要物种:不实野燕麦/野生红燕麦(*Avena sterilis*)和普通野燕麦(*Avena fatua*)。我国科研人员(Peng等,2022)揭示在约50万年前,也就是人类旧石器时代,六倍体栽培燕麦通过AA基因组二倍体和CCDD基因组四倍体杂交加倍形成。为揭示六倍体栽培燕麦的起源与进化历程,科研团队选择能代表燕麦属所有基因组亚型和不同倍性水平的物种进行基于全基因组重测序、转录组测序和叶绿体基因组测序，明确了燕麦属物种的网状进化模式。现有的ACD基因组六倍体栽培燕麦是以A_l/As基因组二倍体祖先为父本、CD基因组四倍体 *A. insularis* 为母本杂交加倍后形成的（Peng等，2022）。地中海西部地区被认为是燕麦属（*Avena*）的多样性中心（Baum和Fedak，1985），野生燕麦物种主要分布在地中海西部和中东地区。在摩洛哥，仅未记录到三种生物学上的燕麦物种：*A. insularis*、*A. canariensis*和*A. macrostachya*。同样有趣的是，*A. maroccana*、*A. agadiriana*和*A. atlantica*仅在摩洛哥有分布（Leggett等，1992）。燕麦物种形成的次中心及栽培燕麦（*A. sativa*）的起源位于小亚细亚作物起源中心。对地方品种种内多样性的分析有助于识别所有栽培燕麦物种的形态发生中心。二倍体物种（*A. strigosa*）的起源和多样性中心是西班牙和葡萄牙，裸粒类型［*A. sativa* subsp. *nudisativa*（Husnot.）Rod. et Sold.］的中心是英国；四倍体物种（*A. abyssinica*）的中心是埃塞俄比亚；六倍体物种（*A. byzantina*）的中心是阿尔及利亚和摩洛哥，*A. sativa*的带壳类型的中心是伊朗、格鲁吉亚和俄罗斯，而其不带壳类型（裸燕麦）的中心是蒙古国和中国（Loskutov，2008）。野生种二倍体裸粒燕麦种（*Avena nuda* L.同型异名*A.nudibrevis* Vav.），籽粒比六倍体莜麦［*Avena chinensis*（Fisch. ex Roem. & Schult.）Metzg.；一种大粒裸燕麦］小很多，因此将两者相对应地称为大粒裸燕麦和小粒裸燕麦。莜麦起源于中国，多样性原始中心在山西和内蒙古交界一带，从那里传播到欧洲及世界各地（郑殿升和张宗文，2011）。中国就是六倍体栽培裸燕麦的起源和主要种植中心。土壤和气候条件更为恶劣的地区出现的多倍体多样性最为丰富，该物种群相较于二倍体物种具有更强的抗逆性。异源多倍体物种促进了极度分化生态型的发展，这在进化中发挥了重要作用。从起源中心向西南亚中心推进，开始出现种子更小、适应性更强的野生物种六倍体形式（Loskutov，2008）。从图1-1可以看出，燕麦属的系统发育关系。目前在燕麦物种中已有4种被驯化并处于栽培状态，5种被视为杂草。普通燕麦（*A. sativa*）是经济价值最高的物种，遍布世界各地。红燕麦（*A. byzantina*）主要种植在欧洲南部，如西班牙和葡萄牙，但也种植在非洲北部、西亚、南美洲和澳大利亚。另外两个物种在特定地区有栽培，即砂燕麦（*A. strigosa*）（欧洲和巴西的栽培品种，欧洲岛屿的地方品种）和埃塞俄比亚燕麦［*A. abyssinica*（种植地在埃塞俄比亚）］。除普通燕麦外，只有一种物种即野燕麦（*A. fatua*）在全球范围内分布，且被视为有害杂草。燕麦属的野生物种为特有物种，在其自然栖息地中最易受遗传侵蚀甚至灭绝的威胁（Sing和Upadhyaya，2016）。

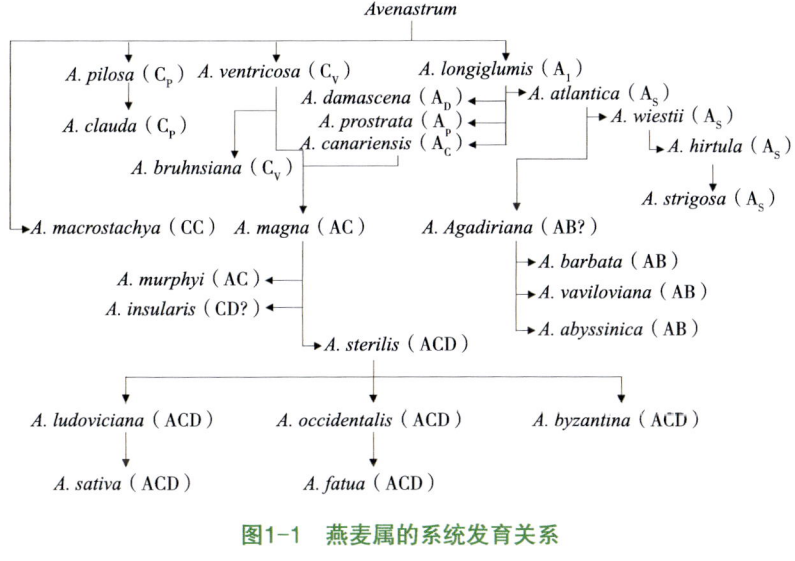

图1-1 燕麦属的系统发育关系

（引自Sing和Upadhyaya，2016）

1.4 燕麦产业现状及发展

燕麦一直是家畜优良饲料，它们是蛋白质、纤维和矿物质的良好来源。1930—1950年农业机械化的提高，世界燕麦产量下降，但燕麦仍然是整个发展中国家边缘生态中人们的一种重要粮食作物，在发达经济体中用于专业用途。燕麦既可作为谷物粮食，也可作为饲草和饲料，用作鲜草、干草、青草粉、草颗粒、青贮饲料和燕麦麸等。牲畜饲料仍然是燕麦作物的主要用途，1990—1991年平均约占世界总使用量的74%（Welch，1995）。

作为一种一年生作物，燕麦主要在北半球播种，既可以在秋季播种，在次年夏季收获（冬燕麦），也可以在春季播种，在初秋收获（春燕麦）。燕麦在澳大利亚和其他一些南半球国家也是重要的作物。世界范围内皮燕麦主要分布于北欧、北美和南澳，约占燕麦总播种面积的90%，且大部分用来生产饲草和饲料，少数食用。国外燕麦主产国有俄罗斯、加拿大、美国、澳大利亚、德国、英国、德国、瑞典、乌克兰、芬兰等。在20世纪50年代中期，燕麦在世界产量中排名第四，仅次于小麦、水稻和玉米，自20世纪60年代以来，全球燕麦产量急剧下降，其收获（种植）面积也显著减少（图1-2），尽管改良品种和农艺实践提高了每公顷的燕麦产量，但产量的下降与燕麦作为动物饲料的使用量大幅减少有关，原因是农业机械化以及对更有商业利益的作物的需求增加。尽管有这种下降趋势，但燕麦仍然是一种重要的谷物作物。目前，在世界谷物产量排名中，燕麦位列第六，仅次于玉米（*Zea mays*）、小麦（*Triticum aestivum*）、水稻（*Oryza sativa*）、大麦（*Hordeum vulgare*）和高粱（*Sorghum bicolor*）。在过去几十年中，这一排名一直保持不变（Murphy和Hoffman，1992）。欧盟、俄罗斯、加拿大、澳大利亚和巴西是全球燕麦产量排名前五的地区和国家（图1-3）。

第1章 概　述

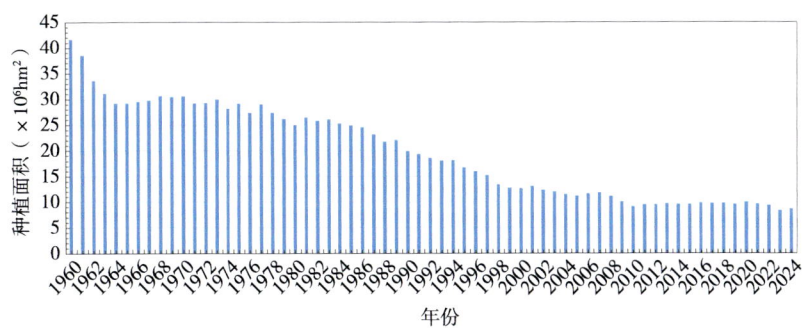

图1-2　世界燕麦种植面积变化趋势

（引自Oats | USDA Foreign Agricultural Service，https://fas.usda.gov/data/production/commodity/0452000整理）

2014—2024年间，全世界燕麦平均年生产23.1×10^6 t，其累计生产量见图1-3。2023年至2024年年底，各国燕麦生产量及占全球生产量百分比见表1-1。欧盟位列第一，占全球总产量的31%；俄罗斯第二，占全球总产量的17%；美国第八，占全球总产

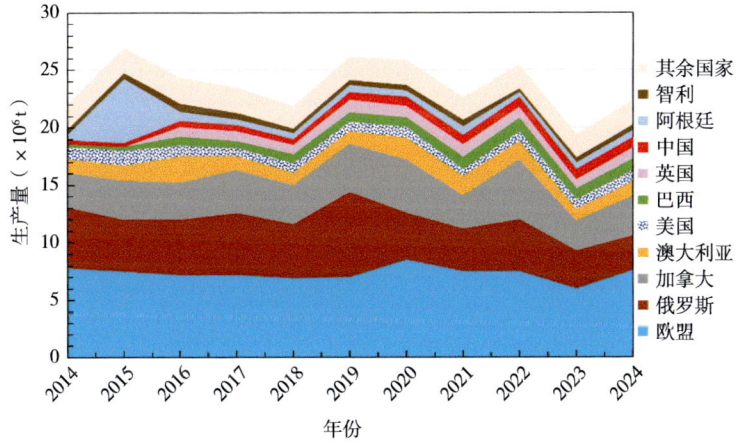

图1-3　2014—2024年各国/地区燕麦生产量趋势堆积面积

（引自Oats | USDA Foreign Agricultural Service，https://fas.usda.gov/data/production/commodity/0452000整理）

· 9 ·

量的4%。加拿大作为世界上最大燕麦出口国，平均每年生产约400万t。萨斯喀彻温省每年生产的燕麦通常超过加拿大的50%。加拿大燕麦供应三个主要市场：供人类消费的粮食用燕麦，高端赛马或竞技马的饲料以及高产饲用燕麦品种。2022年，美国进口了4.83亿美元的燕麦，成为世界上第一大燕麦进口国，占世界燕麦进口的59%。约83%的加拿大燕麦出口运往美国，占市场份额的97%。各国生产和贸易情况见表1-2。

表1-1 燕麦主要生产前十国家/地区情况

市场	占全球产量的百分比（%）	总生产量（t）（2023/2024年度）
欧盟	31	5.93×10^6
俄罗斯	17	3.3×10^6
加拿大	14	2.64×10^6
澳大利亚	5	1 000 000
巴西	5	984 000
中国	4	840 000
英国	4	830 000
美国	4	828 000
阿根廷	3	565 000
智利	2	458 000

（引自Oats | USDA Foreign Agricultural Service，https://fas.usda.gov/data/production/commodity/0452000整理）

澳大利亚通常是全球第二大燕麦出口国，占世界贸易量的10%~15%，仅次于加拿大（占世界燕麦贸易量的75%）。燕麦出口包括燕麦原料和加工燕麦。澳大利亚还是全球第四大"燕麦产品"（加工燕麦）出口国，市场份额约为10%。澳大利亚食用燕麦的主要市场是中国、墨西哥、印度和日本。澳大利亚每年平均生产150万t的燕麦，种植面积达89万hm^2。平均年度出口407 607 t。

第1章 概 述

表1-2 世界燕麦生产和贸易情况（2022/2023年度）

国家	收获面积（×10³ hm²）/排名	生产（×10³ t）/排名	出口（×10³ t）/排名	进口（×10³ t）/排名	国内消费（×10³ t）/排名
中国	405/6	600/9	0	350/2	950/6
欧盟	2 240/1	5 900/1	70/5	125/3	6 275/1
美国	336/7	828/7	29/6	1 327/1	2 111/5
加拿大	823/3	2 636/3	1 500/1	15/16	2 050/4
澳大利亚	700/4	1 100/5	400/2	0	850/8
巴西	510/5	1 220/4	15/7	0	1 200/5
阿根廷	285/8	610/8	1/15	0	600/9
英国	165/10	850/6	95/4	25/14	825/8
俄罗斯	1 770/2	3 300/2	175/3	1/25	3 150/2
智利	95/14	450/10	75/5	5/8	525/10
土耳其	125/13	325/13	1/12	7/18	325/13
印度	0	0	0	50/7	50/24

（引自World Markets and Trade，Publication | Grain：World Markets and Trade | ID：zs25x844t | USDA Economics，Statistics and Market Information System（cornell.edu），https://usda.library.cornell.edu/concern/publications/zs25x844t?locale=en整理）

燕麦也是我国重要的杂粮作物之一，以前我国种植的燕麦主要是莜麦，占比为90%，是燕麦食品和深加工产品的加工原料。随着我国畜牧业快速发展的强劲需求，目前燕麦已发展成为我国重要的饲用作物，我国燕麦种植面积与世界种植面积变化趋势一致，从20世纪60年代后期开始下降，至2002—2013年降至最低，从2014年后开始呈逐年增加趋势（图1-4）。目前我国燕麦播种面积70万~100万hm²，其中饲用燕麦年播种面积15万hm²以上，年产量约100万t，中国燕麦生产量从以前一直在第六位，也曾位居世界第八，占世界燕麦总生产量3.1%；2024年底又回升至第六位，占世界燕麦总生产量4.3%。2014—2024年间复合平均增长率达到10%（图1-5），显示了我国燕麦的发展的强势劲头，尤其是饲草燕麦的种植区域和面积呈上升趋势，但还是不能满足畜牧业饲草的发展需求，每年进口燕麦干草很大，干草2015年进口15.15万t，2017年增加至32万t，2018年、2019年、2020年分别进口29.36万t、24.09万t、33.47万t，基本变化不大，到2022年15.24万t，2023年7.2万t，有所下降，2024年1—10月仅1.9万t，进口量在减少，国产草生产量加大（表1-3）。饲用燕麦种子进口2022年和2023年分别为1.03万和0.84万t，变化幅度不大。我国饲用燕麦商品草种植面积最大的是青海省，其次是内蒙古，甘肃位列第三，另外，山西、四川、西藏、新疆等地也有种植。我国国家登记审定的饲用燕麦品种很少，自1986年以来，育成品种也在增加，截至2024年，国审燕麦登记的引进品种17个，育成品种5个，地方品种1个（表1-4）。地方通过农作物和牧草登记和审定品种没有详细统计，但总体远远满足不了市场需求，大力发展饲用型燕麦以满足我国草牧业发展需求，乃势在必行。

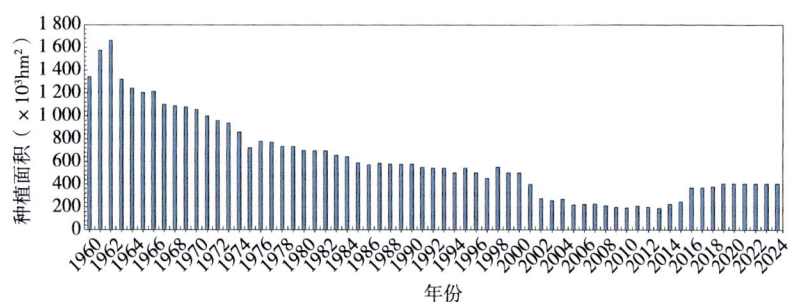

图1-4　中国燕麦种植面积变化趋势

（引自World Markets and Trade，Publication | Grain：World Markets and Trade | ID：zs25x844t | USDA Economics，Statistics and Market Information System（cornell.edu），https://usda.library.cornell.edu/concern/publications/zs25x844t?locale=en整理）

第1章 概　述

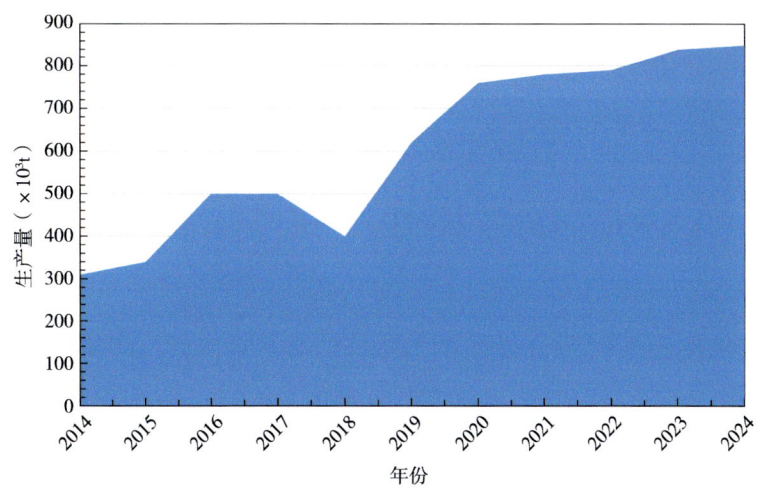

图1-5　中国燕麦生产量趋势堆积面积

（引自Oats | USDA Foreign Agricultural Service，https://fas.usda.gov/data/production/commodity/0452000整理）

表1-3　我国饲用燕麦种植与生产情况

年份	种植面积（万亩）	商品草生产量（万t）	年份	种子生产量（万t）
2010	5	2.1	2020	5.16
2011	6	1.7	2021	6.63
2012	9	2.6	2022	6.05
2013	63	30	2023	5.20
2014	45	27.4	2024	5~6
2015	110.9	75.6		
2016	50.3	52.9		
2017	95.6	62.4		
2018	97.6	52.4		
2019	125.4	74.4		

（引自全国畜牧总站《中国草业统计》）

表1-4 国内饲用燕麦国家审定品种统计

登记年份	品种名称	拉丁学名	品种类别	登记年份	品种名称	拉丁学名	品种类别
1988	哈尔满	Avena sativa L.cv. 'Harmon'	引进品种	2019	英迪米特	Avena sativa L. 'Intimidator'	引进品种
1988	马匹牙	Avena sativa L.cv. 'Mapur'	引进品种	2019	爱沃	Avena sativa L. 'Everleaf 126'	引进品种
1992	丹麦444	Avena sativa L.cv. 'Danmark 444'	引进品种	2020	苏特	Avena sativa L. 'Shooter'	引进品种
1992	苏联	Avena sativa L.cv. 'Soviet Union'	引进品种	2021	黑玫克	Avena sativa L. 'Haymaker'	引进品种
1999	青早1号	Avena sativa L.cv. 'Qingzao No.1'	育成品种	2021	梦龙	Avena sativa 'Magnum'	引进品种
2004	青引1号	Avena sativa L.cv. 'Qingyin No.1'	引进品种	2021	福瑞至	Avena sativa 'ForagePlus'	引进品种
2004	青引2号	Avena sativa L.cv. 'Qingyin No.2'	引进品种	2022	青燕2号	Avena sativa L.cv. 'Qingyan No.2'	育成品种
2006	锋利	Avena sativa L.cv. 'Enterprise'	引进品种	2023	青燕3号	Avena sativa L.cv. 'Qingyan No.3'	育成品种
2009	陇燕3号	Avena sativa L. 'Longyan NO.3'	育成品种	2024	速锐	Avena sativa L. 'Souris'	引进品种
2009	阿坝	Avena sativa L. 'Aba'	地方品种	2024	蒙农2号	Avena sativa L.cv. 'Mengnong No.1'	育成品种
2009	青引3号	Avena muda L. 'Qingyin No.3'	引进品种	2024	富龙	Avena sativa L. 'Furlong'	引进品种
				2024	海威	Avena sativa L. 'Haywire'	引进品种

注：标注"*"号为国家林业和草原局草品种审定委员会审定，未标注*号的为农业农村部全国草品种审定委员会审定。

第2章 燕麦的种质资源

2.1 燕麦资源的分类

2.1.1 燕麦资源属种及倍性

燕麦属（*Avena* L.）属于禾本科（*Gramineae*）燕麦族（*Aveneae*）。与燕麦属亲缘关系最近的是属于异燕麦属（*Helictotrichon*）、燕麦草属（*Arrhenatherum*）和燕禾属（*Avenula*）的物种（Welch，1995）。燕麦属（*Avena* L.）内除了大穗燕麦（*A. macrostachya*）为异花授粉的四倍体多年生燕麦外，其余所有物种和分类群均为自花授粉的一年生植物。燕麦与小麦一样，自然存在的倍性水平分为二倍体燕麦（$n=7$）、四倍体燕麦（$n=14$）和六倍体燕麦（$n=21$），染色体基数为$n=7$。通过杂交和/或染色体加倍可以产生自然通常不存在的三倍体、五倍体、八倍体等。

目前发现并鉴定的燕麦属野生物种约为30个（表2-1），其分类学经过300多年的发展，已经发展出一套公认的、基于染色体数目为依据的分类方法，即Baum于1977年提出的燕麦分类系统，是当今燕麦分类的基础，他将燕麦属分为7个组（表2-1）。不同种的核型也不同（表2-2），了解倍性和核型对燕麦育种，尤其是杂交育种非常重要。

表2-1 燕麦属（*Avena*）种倍性及基因组类型

组	种名	拉丁学名	被以下拉丁名替代	倍性	染色体数	基因组类型	基因组大小	备注
组I: *Avenotrichon* (Holub) Baum	大穗燕麦	*Avena macrostachya* Balansa ex Coss. & Durieu		四倍体	$2n=4x=28$	C	21.78 ± 0.20	多年生
组II *Ventricosa* Baum	不完全燕麦	*Avena clauda* Durieu		二倍体	$2n=2x=14$	C_pC_p	10.31 ± 0.12	一年生杂草
	异颖燕麦/绢毛燕麦	*Avena eriantha* Durieu		二倍体	$2n=2x=14$	C_pC_p	10.18 ± 0.22	一年生杂草
	偏凸燕麦	*Avena ventricosa* Balansa ex Coss.		二倍体	$2n=2x=14$	C_vC_v	10.29 ± 0.25	一年生
组III *Agraria* Baum	短燕麦	*Avena brevis* Roth		四倍体	$2n=4x=28$	A_sA_s	8.98 ± 0.25	一年生
	西班牙燕麦	*Avena hispanica* Ard.	*Avena strigosa*	二倍体	$2n=2x=14$	A_sA_s	8.80 ± 0.14	一年生
	裸燕麦	*Avena nuda* L.		二倍体	$2n=2x=14$	A_sA_s		一年生栽培
	砂燕麦	*A. strigosa* Schreb.		二倍体	$2n=2x=14$	A_sA_s	9.07 ± 0.22	
组IV *Tenuicarpa* Baum	阿加迪尔燕麦	*Avena agadiriana* Baum et Fedak		四倍体	$2n=4x=28$	AABB		一年生
	大西洋燕麦	*Avena atlantica* Baum		四倍体	$2n=4x=28$		9.22 ± 0.24	一年生

（续表）

组	种名	拉丁学名	被以下拉丁名替代	倍性	染色体数	基因组类型	基因组大小	备注
	裂稃燕麦/细燕麦/细茎野燕麦	*Avena barbata* Port ex Link		四倍体	$2n=4x=28$	AABB	16.42 ± 0.15	一年生检疫杂草
	加那利燕麦/加拿大燕麦	*Avena canariensis* Baum		二倍体	$2n=2x=14$	A_cA_c	8.80 ± 0.13	一年生
	大马士革燕麦	*Avena damascene* Rajh. et Baum		二倍体	$2n=2x=14$	A_dA_d	8.43 ± 0.11	一年生杂草
组IV *Tenuicarpa* Baum	小硬毛燕麦	*Avena hirtula* Lagas.		二倍体	$2n=2x=14$	A_sA_s	9.08 ± 0.11	一年生
	长颖燕麦	*Avena longiglumis* Durieu		二倍体	$2n=2x=14$	A_lA_l	9.23 ± 0.20	一年生
	卢斯塔尼燕麦	*Avena lusitanica* Baum		二倍体	$2n=2x=14$	A_sA_s	25.70 ± 0.40	一年生
	细燕麦	*Avena matritensis* Baum	*Avena barbata*	二倍体	$2n=2x=14$	????a		一年生
	匍匐燕麦	*Avena prostrata* Ladiz	*Avena hirtula*	二倍体	$2n=2x=14$	A_pA_p		一年生
	威士燕麦/沙漠燕麦	*Avena wiestii* Steud.		二倍体	$2n=2x=14$	A_sA_s	9.08 ± 0.20	一年生
组V *Ethiopica* Baum	阿比西尼亚燕麦/埃塞俄比亚燕麦	*Avena abyssinica* Hochst. ex A. Rich.		四倍体	$2n=4x=28$	AABB	16.73 ± 0.29	一年生栽培
	瓦维洛夫燕麦	*Avena vaviloviana* (Malzev) Mordv.		四倍体	$2n=4x=28$	AABB	16.38 ± 0.18	一年生

(续表)

组	种名	拉丁学名	被认可拉丁名替代	倍性	染色体数	基因组类型	基因组大小	备注
	马罗卡燕麦	Avena maroccana Gdgr.	Avena sterilis subsp. sterilis	四倍体	2n=4x=28	AACC (CCDD)	18.51 ± 0.20	一年生
	墨菲燕麦	Avena murphyi Ladiz.		四倍体	2n=4x=28	AACC (CCDD)	18.70 ± 0.32	一年生
组VI Pachycarpa Baum	岛屿燕麦	Avena insularis Ladiz.		四倍体	2n=4x=28	AACC (CCDD)	18.59 ± 0.17	一年生
	大燕麦	Avena magna H.C.Mushy & Terrel		四倍体	2n=4x=28	AACC (CCDD)		一年生
	大西洋燕麦	Avena atherantha presl.		六倍体	2n=6x=42	AACCDD		一年生
	野燕麦/普通野燕麦	Avena fatua L.		六倍体	2n=6x=42	AACCDD		一年生
	杂交燕麦	Avena hybrida Peterm.		六倍体	2n=6x=42	AACCDD		一年生
	西方燕麦	Avena occidentalis Dur.		六倍体	2n=6x=42	AACCDD		一年生
	燕麦/栽培普通燕麦	Avena sativa L.		六倍体	2n=6x=42	AACCDD	25.69 ± 0.27	一年生栽培
组VII Avena Baum	不实野燕麦/野红燕麦	Avena sterilis L.	Avena sterilis subsp. ludoviciana	六倍体	2n=6x=42	AACCDD	25.70 ± 0.40	一年生杂草
		Avena trichophylla C.Koch		六倍体	2n=6x=42	AACCDD		一年生
	莜麦	Avena chinensis (Fisch. ex Roem. & Schult.) Metzg.		六倍体	2n=6x=42	AACCDD		一年生栽培

第 2 章 燕麦的种质资源

表2-2 燕麦属物种的核型结构（Kole，2011）

种的拉丁学名	基因组	染色体的类型					
		SM^{t1}	SM^{t2}	ST^{t2}	M	SM	ST
A. bruhnsiana	C_v	—	—	1	—	1	5
A. ventricosa	C_v	—	—	1	—	—	6
A. clauda	C_p	1	—	1	—	—	5
A. pilosa	C_p	1	—	1	—	—	5
A. prostrata	A_p	1	—	1	3	1	1
A. damascena	A_d	1	—	1	4	1	—
A. longiglumis	A_l	1	—	1	4	1	—
A. canariensis	Ac	1	—	1	4	1	—
A. strigosa	A_s	1	—	1	2	2	1
A. hirtula	A_s	1	—	1	2	2	1
A. wiestii	A_s	1	—	1	2	2	1
A. atlantica	A_s	1	—	1	2	2	1
A. barbata	AB	1	—	1	4	6	2
A. vaviloviana	AB	1	—	1	4	6	2
A. abyssinica	AB	1	—	1	4	6	2
A. agadiriana	AB?	—	—	2	2	7	3
A. magna	AC	1	1	1	4	2	5
A. murphyi	AC	1	—	1	4	6	2
A. insularis	AC?	1	—	1	4	7	1
A. macrostachya	CC	—	—	2	—	10	2
A. fatua	ACD	1	—	2	4	7	7

（续表）

种的拉丁学名	基因组	染色体的类型					
		SM^{t1}	SM^{t2}	ST^{t2}	M	SM	ST
A. sativa	ACD	1	—	2	4	7	7
A. byzantina	ACD	1	—	2	4	7	7
A. sterilis	ACD	1	—	2	4	7	7
A. ludoviciana	ACD	1	—	2	4	7	7
A. occidentalis	ACD	1	—	2	4	7	7

注：M型为中着丝粒染色体；SM型为亚中着丝粒染色体；ST型为亚端着丝粒染色体；SM^{t1}、SM^{t2}、ST^{t2} 为带有不同类型随体的染色体（其中t1表示大随体，t2表示小随体）。

2.1.2　燕麦种的检索

燕麦不同种各具特征，外稃、小穗、颖片、基部特征等器官有差异，可以通过检索表来鉴定到种（检索表1和检索表2）。

检索表1　我国分布燕麦种检索

（引自植物智——植物物种信息系统，https://www.iplant.cn/info/Avena?t=z）

1 外稃顶端深两裂，裂片长渐尖，呈芒状，长3.5～7 mm ·················（2）
1 外稃顶端浅裂为两齿，裂片长不超过3 mm，亦不呈芒状 ·················（3）
2 两颖近等长，均长约25 mm；外稃长约25 mm（除芒），被有长硬毛
·· 裂稃燕麦A. barbata
2 两颖不等长，第一颖长约16 mm，第二颖长约20 mm；外稃长约20 mm
（除芒），背部光滑无毛，仅中部以上粗糙 ················ 异颖燕麦A. eriantha
3 颖长25～30 mm；外稃长20～25 mm ··（4）
3 颖长25 mm以下，外稃长20 mm以下 ···（5）
4 小穗轴无关节，不易脱落，芒较长，芒柱长15～20 mm，芒针长35～45 mm
·· 长颖燕麦A. ludoviciana

第2章 燕麦的种质资源

4 小穗轴具关节,成熟时易脱落,芒较短,芒柱长约15 mm,芒针长20~27 mm
···南燕麦 A. meridionalis
5 外稃草质;小穗轴无毛,弯曲,第一节间长达1 cm ···············莜麦 A. chinensis
5 外稃质坚硬;小穗轴有毛或无毛,不弯曲,第一节间长不超过5 mm
···(6)
6 小穗含1~2小花;小穗轴不易脱节;外稃无毛,第二外稃无芒 ·········燕麦 A. sativa
6 小穗含2~3小花;小穗轴易脱节;外稃被硬毛或无毛,第二外稃有芒
···(7)
7 外稃被疏密不等的硬毛 ···································野燕麦(原变种)A. fatua
7 外稃光滑无毛 ···(8)
8 小穗轴节间密被浅棕色或白色硬毛 ···············光稃野燕麦 A. fatua var. glabrata
8 小穗轴节间光滑无毛或微被贴生柔毛 ···········光轴野燕麦 A. fatua var. mollis

检索表2 国外燕麦种检索表(Kole,2011)

1. 多年生植物···大穗燕麦 A. macrostachya
   一年生植物···2
2. 外稃顶端具双长芒状附属物···3
   外稃顶端具双齿状或双锥状附属物···14
3. 颖片极不相等,外颖长度为内颖的一半···4
   颖片相等或近相等···5
4. 成熟时每个小花脱落···不完全燕麦 A. clauda
   仅下部小花脱落···异颖燕麦 A. pilosa
5. 成熟时每个小花脱落或圆锥花序不散落···6
   成熟时小花脱落,植株幼期生长呈匍匐状···7
6. 颖片长40 mm,基盘极长,呈锥形,长10 mm···············长颖燕麦 A. longiglumis
   颖片长10~20 mm,基盘圆形或无基盘···8
7. 仅下部小花脱落,基盘椭圆形,芒着生于外稃的1/3处
   ···大西洋燕麦 A. atlantica
   成熟时每个小花脱落···9
8. 成熟时每个小花脱落···10
   圆锥花序不散落···13
9. 小穗极小,长12~15 mm·······································匍匐燕麦 A. prostrata
   小穗长20 mm···大马士革燕麦 A. damascena
10. 外稃顶端具双长芒状附属物,颖片具9~10条脉·············裂稃燕麦 A. barbata
    外稃顶端具1~2个小齿状附属物或无,颖片具7~9条脉···························11
11. 外稃顶端具双长芒状附属物及1个小齿,外稃顶端长于颖片,第一小花脱落后疤痕呈
    窄椭圆形···小硬毛燕麦 A. hirtula
    外稃顶端具双长芒状附属物及2个小齿,外稃与颖片相等或近相等,第一小花脱落后

疤痕呈卵形 ……………………………………………………………………… 12
12. 外稃顶端具双长芒状附属物，长3～6 mm ……………… 威士燕麦 A. wiestii
    外稃顶端具双长芒状附属物，长1 mm ………… 瓦维洛夫燕麦 A. vaviloviana
13. 外稃顶端具双长芒状附属物及1个小齿，外稃与颖片近相等，圆锥花序等边或单侧
    ………………………………………………………………… 砂燕麦 A. strigosa
    外稃顶端具双长芒状附属物及2个小齿，外稃顶端短于颖片，圆锥花序单侧
    ………………………………………………… 阿比西尼亚燕麦 A. abyssinica
14. 成熟时小花脱落 …………………………………………………………… 15
    圆锥花序不散落 …………………………………………………………… 25
15. 成熟时每个小花脱落 ……………………………………………………… 16
    仅下部小花脱落 …………………………………………………………… 17
16. 小穗具2～3个小花，颖片长20～25 mm ……………………… 野燕麦 A. fatua
    小穗具3～4个小花，颖片长15～20 mm …………… 西方燕麦 A. occidentalis
17. 基盘极长，呈锥形 ………………………………………………………… 18
    基盘椭圆形、卵形或圆形 ………………………………………………… 19
18. 基盘长5 mm，颖片长27～30 mm ………………………… 偏凸燕麦 A. ventricosa
    基盘长10 mm，颖片长约40 mm …………………… 布鲁斯燕麦 A. bruhnsiana
19. 小穗小，颖片长15～20 mm ……………………………………………… 20
    小穗大，颖片长25～30 mm ……………………………………………… 21
20. 小穗小，具2～3个小花，颖片长18～20 mm ………… 加那利燕麦 A. canariensis
    小穗小，具2个小花，颖片长15～18 mm …………… 阿加迪尔燕麦 A. agadiriana
21. 小穗大，具2个（极少3个）小花，颖片长25～30 mm
    ……………………………………………………… 法国野燕麦 A. ludoviciana
    小穗大，具3～5个小花 …………………………………………………… 22
22. 基盘圆形 …………………………………………………………………… 23
    基盘椭圆形或卵形 ………………………………………………………… 24
23. 小穗具3～4个小花，外稃密被长柔毛 ………………………… 大燕麦 A. magna
    小穗V形，具3～5个小花，外稃被微至中度柔毛 ……… 不实野燕麦 A. sterilis
24. 芒着生于外稃的约1/4处，基盘卵形 ………………………… 墨菲燕麦 A. murphyi
    芒着生于外稃的下1/3至1/2处，基盘椭圆形 …………… 岛屿燕麦 A. insularis
25. 第一小花基部的断裂面平直 ……………………………… 栽培普通燕麦 A. sativa
    第一小花基部的断裂面倾斜 ………………………… 红燕麦/地中海燕麦 A. byzantina

2.2　燕麦基因组

　　燕麦属目前发现有30个种，包括25个野生种、5个栽培种，中国现有27个燕麦种。学者运用传统的染色体组分析方法，如C带、

G带，加上现在广泛采用的荧光原位杂交方法，鉴定了大多数燕麦属物种的基因组构成。根据各染色体组的形态，物种间的杂交情况及其杂交后代染色体配对情况，将燕麦染色体分为A、B、C、D 4种主要的基因组。燕麦属的染色体基数为7，染色体：$2n=14$，28，42，48，63。包含有A、B、C、D 4种亚基因组类型，并构成了3种染色体倍性水平，分别为二倍体、四倍体和六倍体。二倍体种具有2种。基因组组成类型有5种，二倍体AA、CC，四倍体AABB、AACC和六倍体AACCDD。A和C基因组也体现了燕麦物种中最主要的基因组差异，同时在A、C基因组内部，其核型还存在细微的结构差异（表2-2），因此将A基因组划分A_c、A_d、A_l、A_p和A_s 5种亚型，将C基因组分为C_m、C_p和C_v 3种亚型。燕麦属种倍性及其染色体数目和基因组类型见表2-1。栽培燕麦（*Avena sativa*，$2n=6x=42$）是一种自然形成的异源多倍体，通过多次种间杂交和多倍体化，结合了三种不同的二倍体基因组。

2.3 燕麦基因池

染色体组间差异对杂交后代育性有影响。Leggett（1984）提出，染色体组之间的隐秘差异是导致物种间自交不育的原因，例如加那利燕麦（*A. canariensis*）和大马士革燕麦（*A. damascena*）在形态上差异很大，且地理上相互隔离，它们的杂交后代在减数分裂中期形成7个二价体（几乎全部为环状构型），尽管染色体存在这种明显的同源性，但F_1杂交后代自交不育。普通栽培皮燕麦与六倍体、四倍体和二倍体燕麦种杂交存在可育、不可育等情况，与莜麦、野燕麦等杂交可育，都是六倍体，但与二倍体砂燕麦杂交不可育（表2-3）。

表2-3 栽培普通燕麦（*A. sativa* L.）与其他种杂交可育情况（Kole，2011）

中文名	学名	倍性	杂交可育情况
栽培普通燕麦	Avena sativa	六倍体	+
野燕麦	Avena fatua	六倍体	+
莜麦（裸燕麦）	Avena chinensis	六倍体	+
长颖燕麦/法国野燕麦	Avena ludoviciana=Avena sterilis subsp. ludoviciana	六倍体	+
西方燕麦	Avena occidentalis	六倍体	+
不实野燕麦	Avena sterilis	六倍体	+
阿比西尼亚燕麦	Avena abyssinica	四倍体	+/-
大燕麦	Avena magna	四倍体	+/-
墨菲燕麦	Avena murphyi	四倍体	+/-
岛屿燕麦	Avena insularis	四倍体	+/-
加那利燕麦/加拿大燕麦	Avena canariensis	二倍体	+/-
小硬毛燕麦	Avena hirtula	二倍体	+/-
长颖燕麦	Avena longiglumis	二倍体	+/-
偏凸燕麦	Avena ventricosa	二倍体	+/-
裂稃燕麦	Avena barbata	四倍体	-
大穗燕麦	Avena macrostachya	四倍体	-
大西洋燕麦	Avena atlantica	四倍体	-
葡匐燕麦	Avena prostrata	二倍体	—
瓦维洛夫燕麦	Avena vaviloviana	四倍体	—
砂燕麦	Avena strigosa	二倍体	—

注："+"表示杂交或自交后代的繁殖能力正常，能够产生可育的后代；

"-"表示杂交或自交后代部分不育，虽然能够产生一些后代，但后代的繁殖能力可能受到一定程度的限制；

"—"表示杂交或自交后代高度不育，即很难或几乎不能产生可育的后代。

基于将外源物种基因转移到栽培六倍体燕麦中的难易程度，根据 Harlan 和 deWet（1971）提出的栽培物种基因库概念，将燕麦属（*Avena*）的物种划分为3个基因池——初级基因池、次级基因池和三级基因池。

2.3.1 初级基因池

由六倍体分类群组成，野生型和栽培型之间杂交种具有育性，且重组没有限制。然而，由于不同分类群之间的易位差异，育性可能会略有降低。常规育种策略将野生型的性状导入栽培型的相对比较简单，如栽培品种 Fidler 和 Dumont 品种就是从不实野燕麦（*A. sterilis*）中获得了秆锈病抗性基因（McKenzie 等，1981）。

2.3.2 次级基因池

包括四倍体 AACC 物种，如大燕麦（*A. magna*）、墨菲燕麦（*A. murphyi*）和岛屿燕麦（*A. insularis*）。大燕麦（*A. magna*）和墨菲燕麦（*A. murphyi*）与栽培普通燕麦（*A. sativa*）杂交没有初级基因池的容易，并且产生的 F_1 代自交不育，但 F_1 代杂交种具有部分雌性育性，使得可以以六倍体作为轮回亲本采用回交方法。

2.3.3 三级基因池

包括所有二倍体燕麦物种及其余的四倍体物种裂稃燕麦（*A. barbata*）、瓦维洛夫燕麦（*A. vaviloviana*）、阿比西尼亚燕麦（*A. abyssinica*）、阿加迪尔燕麦（*A. agadiriana*）和大穗燕麦（*A. macrostachya*）。这些四倍体和二倍体与栽培六倍体亲缘关系较远，获得杂交种很难，例如二倍体与六倍体的组合即使杂交成功，其 F_1 代杂交种也是自交不育的，也无法以常规方式进行回交，主要是由于染色体同源性缺乏以及随之而来的染色体配对缺失，可以通过用秋水仙素处理植株来克服自交不育问题，使染色体数目加倍，从而产生一个包含双亲完整染色体组的植株。这种染色体加倍通常会恢复一定程度的育性。现在，可以使用栽培普通燕麦（A. sativa）作为轮回亲本，对加倍后的杂交种进行连续回交，最终产生一系列染色体附加系，其中包含（A. sativa）完整的42条染色体，以及来自二倍体（或四倍体）亲本的一对染色体，总计44条染色体。产生附加系后，便可以进行筛选和选择所需性状的工作。

2.4　利用外来基因改良燕麦

燕麦的野生种在抗逆性、品质以及农艺性状等方面具有栽培种所缺少的一些很好的特性，如早熟和耐寒性，以及抗大麦黄矮病毒、锈病、赤霉病、白粉病、线虫等病害，这对改良栽培燕麦种具有非常重要意义。过去染色体操作的程序是将野生种基因转移到栽培燕麦中的唯一手段，目前由于分子生物学的发展，会有更有效的手段达到改良的目标。改良使其达到育种目标的难易程度取决于野生种和栽培种之间的关系。

在燕麦属中，性状的转移主要发生在初级基因池种类内部。目前文献报道最多的品种改良方面主要还是局限于通过质量遗传方式传递的抗病基因，也正是因为抗病性状的检测相对容易实现。

在抗白粉病方面，野生燕麦物种均表现出对白粉病的抗性，包括二倍体物种异颖燕麦（A. pilosa）、偏凸燕麦（A. ventricosa）、长颖燕麦（A. longiglumis）、匍匐燕麦（A. prostrata）、大马士革燕麦（A. damascena）、小硬毛燕麦（A. hirtula）和大西洋燕麦（A. atlantica）；四倍体物种裂稃燕麦（A. barbata）、瓦维洛夫燕麦（A. vaviloviana）、埃塞俄比亚燕麦（A. abyssinica）、阿加迪尔燕麦（*A. agadiriana*）、大燕麦（*A. magna*）和墨菲燕麦（*A. murphyi*）；以及六倍体物种野燕麦（*A. fatua*）、西方燕麦（*A. occidentalis*）、不实燕麦（*A. sterilis*）等，所以，科研人员将携带对白粉病生理小种抗性基因 *Cc* 4852 的偏凸燕麦种质资源被纳入了育种和杂交计划，人们通过产生异源四倍体［*A. longiglumis*（CW 57）× *A. sativa*］×（带有 *A. prostrata* 染色体的 *A. sativa*），获得了携带白粉病抗性基因且染色体来自匍匐燕麦 *A. prostrata* 的 F4 品系（Kole，2011）。

在抗冠锈病方面，冠锈病对燕麦生产具有周期性的严重破坏，大多数燕麦抗冠锈病品种都依赖于从不实燕麦中引入的冠锈病抗性（*Pc*）基因。目前，已从不实燕麦中鉴定出30多个这样的 *Pc* 基因，并通过回交的方法将这些基因导入易感燕麦品系中，形成了一套用于监测锈病毒性模式变化的鉴别品系（Chong 等，2000；Carson 2008）。然而，迄今为止使用的大多数 *Pc* 基因都是提供锈病生理小种特异性抗性的主效基因。Rothman（1984）通过使用人工合成六倍体，成功地将大燕麦（*A. magna*）的一个种质资源中的冠锈病抗性渐渗到栽培六倍体燕麦种质中。该六倍体是由二倍体长颖燕麦（*A. longiglumis*）的 CW57 种质与大燕麦（*A. magna*）的 CI 8330 种质杂交得到的 F1 代杂交种，再经秋水仙碱处理后获得的。

提高燕麦粒蛋白质和油脂含量是利用异源变异进行种质资源开发以改良数量性状的经典范例。文献中经常报道，在普通燕麦（*A. sativa*）与野生不实燕麦（*A. sterilis*）的杂交后代中，存在籽粒蛋白质含量的超亲遗传效应。

一个外源基因能否干净地整合到受体物种的染色体中，可能取决于该基因在供体基因组中的位置，以及供体染色体或染色体片段与受体物种染色体之间的同源性保留程度。例如，Rines 等

（2007）在从砂燕麦CI6954SP转移到"Ogle"燕麦背景的42条染色体衍生体中，获得了冠锈病抗性基因（$Pc94$）的正常雄性和雌性传递。在其他回交系中，与$Pc94$距离约5 cM的分子标记SCAR94-2（Chong等，2004）在进一步回交过程中丢失，表明该区域发生了减数分裂重组。对回交6代品系的田间试验表明，没有发现任何有害性状的连锁累赘证据（Kole，2011）。

在杂交后代颜色遗传方面，Wilson（1904）为了验证杂交后代遗传规律，将籽粒的颜色为黑色品种（Black Tartarian♂）与黄色品种（Goldfinder♀）进行杂交，以及黑色品种（Black Tartarian♀）和白色品种（White Canadian♂）杂交。在所有情况下，子代都具有极强的活力和多产性。亲本一方的侧散型穗和深粒色，另一方的周散型穗和浅粒色，在各自的杂种中相互融合，从而形成了有点侧散型穗和深棕色粒色。应当提及的是，这里所说的种子的颜色是指外稃的颜色。后代产生有黑色、棕色、白色或黄色种子的颜色的植株，棕色种子与黑色种子谷粒归为一类，黄色种子与白色种子归为一类，简要地将其分为黑色和白色，黑色燕麦无论是作为父本还是母本都是显性的，即杂交燕麦中的显性和隐性特征与许多其他自花授粉植物一样，在第二代中以接近3∶1的比例显现出来（Wilson，1904）。

2.5　燕麦种质资源收集与保存

2.5.1　国外的燕麦种质资源收集与保存

据世界植物遗传资源状况报告估计，世界保存的燕麦种质资源约有22万份种质。美国农业部（USDA）拥有2万份、加拿大植物遗传资源委员会（PGRC）拥有3万份，以及欧洲合作计划/基因资源（ECP/GR）框架下拥有34 146份，特别是俄罗斯瓦维洛夫植物产业研究所（VIR）收藏了约1.2万份，其中包括四种栽培品种的约1万份和21种野生品种的2 000份，肯尼亚1.3万份、以色列7 500份（Welch，1995），国外燕麦种质资源收集保存的数量加拿大位列第一，其次是美国，国外主要基因库中野生燕麦种质资源收集保存数量（表2-4）。在资源保存中，普通燕麦（*A. sativa*）的遗传资源占所有栽培燕麦种质资源的95%。

表2-4　国外主要基因库中野生燕麦种质资源收集保存数量

机构名称	国家	数量
加拿大植物基因资源中心，萨斯卡通研究中心	加拿大	14 935
美国农业部农业研究局，国家小粒谷物种质资源研究设施	美国	10 908
N.I. 瓦维洛夫植物产业研究所	俄罗斯	2 001
特拉维夫大学研究所谷物作物开发利伯曼种质资源库	以色列	1 544
澳大利亚冬季禾谷类收藏农业研究中心	澳大利亚	549
爱琴海农业研究所，植物遗传资源部	土耳其	311
植物遗传学和作物植物研究所-基因库	德国	300
国家小麦研究中心	巴西	254
国家植物遗传资源中心植物育种与驯化研究所	波兰	168
农业研究组织，沃尔卡尼研究所，以色列农作物基因库	以色列	117

（引自Kole，2011）

2.5.2　我国燕麦种质资源的收集与保存

我国燕麦品种资源的收集、整理工作始于20世纪50年代末，《中国燕麦品种资源目录》编入了20世纪50—60年代引进的486

份和70—90年代中期后引进的596份，90年代末至今燕麦引种达到高潮，共引进1 017份。迄今中国从国外引进的燕麦种质资源共计2 099份，包括29个物种，其中主要是栽培普通燕麦（*A. sativa* L.）。这些种质资源引自28个国家，其中引进资源较多的国家有加拿大（1 041份）、丹麦（502份）、匈牙利（52份）、苏联/俄罗斯（84份）、美国（64份）和澳大利亚（24份）。目前我国拥有燕麦种质资源共5 282份，居世界各国第5位。与此同时，引进的29个物种，使中国成为世界上拥有燕麦物种最多的3个国家（即加拿大、俄罗斯、中国）之一（郑殿升和张宗文，2017）。此外，随着全国燕麦科研的重视与发展，引进的燕麦物种数量逐年增加，教学和科研单位还有几千余份资源未入编目录，因此，实际上我国拥有燕麦种质资源数远超5 000份。引进的燕麦物种中，从倍性水平上划分，有二倍体种15个、四倍体种9个和六倍体种5个；从粒型上划分，有裸粒种2个、带皮种27个；从生活年限上划分，有一年生种28个、多年生种1个（郑殿升和张宗文，2017）。目前我国燕麦种质资源库主要有依托中国农业科学院作物科学研究所的国家农作物种质资源保存中心/国家作物种质资源库长期库和中国农业科学院草原研究所的国家牧草中期库。

2.5.3 燕麦的种子安全储存条件

燕麦资源种子收获后，妥善储存是长期保持燕麦种子活力的关键。为了保证燕麦种子的寿命，注意温度和湿度水平是至关重要的。自然条件下，如果条件理想（凉爽，黑暗和干燥的），燕麦种子可以保持高发芽率长达4年。燕麦种子对光敏感，避光黑暗的条件利于储存。如果储存条件不理想，燕麦种子生存能力会下降得更快。避免将种子暴露在极热或极冷的或阳光直射的环境中，因为这会影响种子质量。此外，湿度是干燕麦种子的敌人，因为湿度大，燕麦种子会因为吸收水分而变质，所以远离高湿度的地方至关重要。如果燕麦种子储存在相对湿度低于10%的地方，可以持续数年而不会明显失去活力。为了减少水分，低热量将新鲜种子干燥到水分含量5%~7%，少量的种子也可以使用被动空气干燥（如：硅胶包等干燥剂）。1.5~10℃的冷藏也有利于限制水分和保持种子凉爽。英国的一项研究将燕麦种子储存在5℃，水分含量为5%，6年后，种子活力仍然保持在82%的强劲水平；相比之下，在20℃和12%水分条件下储存的种子，3年后的活力下降到53%。如果保存在适当的条件下，燕麦种子通常可以储存3~4年。在发芽率下降之前，关键是尽量减少湿气、热量、暴露在空气和光线下。定期检查霉菌、酸败和低发芽率种子情况，并及时清除。据文献报道，燕麦种子的最佳储存含水量6%，在（22.5±7.5）℃储存温度下，可以储存6年（卢新雄和陈晓玲，2003）。青海农林科学院西宁自然库（8.7℃，相对湿度68.5%），以新种子为对照（裸燕麦和皮燕麦发芽率分别为95%和72.3%），对贮藏28年和36年的裸燕麦（*Arena nuda* L.）、皮燕麦（*A. sativa* L.）进行发芽率测定，试验表明：储存36年的种子已丧失发芽力，储存28年的种子发芽率明显降低，裸燕麦和皮燕麦平均发芽率分别为48.2%和2%；储存8年的种子发芽率较高，平均发芽率分别为85%和74.1%。对青海自然库储存8~28年的燕麦种子进行根尖染色体观测，发现染色体畸变与种子发芽率之间呈极显著负相关，但经种植后其子代根尖染色体又恢复正常（谭富娟等，1997）。

　　国内外燕麦种质资源储存的设施根据长、中、短期需求不同参数不同，长期库具有较高的技术标准要求。基因库长期储存设施的技术参数：大多数设施是在-20~-10℃的深低温环境下运行,湿度控制在较低水平(5%~15%);通常,干燥后的种子会被密封在铝袋中,这样就无须在储存室内控制湿度了。中期储存设施的技术参数:温度为0~10℃,多数中期库温度在4℃,湿度在10%~40%,也有基因库不控制湿度,干燥后的种子密封在铝袋中。基因库短期储存设施的技术参数:温度为4~20℃,湿度不控制至50%范围不等。有的基因库采用将种子干燥至12%~13%含水量,存放在纸信封或铝袋中,并在温度控制在0~15℃、相对湿度为40%~50%的房间内进行短期储存。

第3章

燕麦植物学特征和生物学特性

3.1 燕麦植物学特征

3.1.1 植株形态与结构

燕麦属于禾本科一年生（除个别种为多年生）单子叶草本植物，也就是幼苗有一个子叶。根系属于须根系，没有显著主根。茎圆柱状，中空。茎上有节，通常有4~7个节，节点处的茎是实心的。节间从茎基部到花序下方的花梗逐渐增长。根据生长环境条件，单株植物会发育出多个茎。第一根茎，即主茎，会产生多个分蘖。一级分蘖产生于主茎基部较低位置的老叶叶腋中。二级分蘖产生于一级分蘖的叶腋中。分蘖在生命周期的早期阶段，即在第三片叶子出现和茎伸长之间产生。并非所有产生的分蘖都能存活，通常较老、较大的分蘖比年轻、较小的分蘖更容易存活。叶子由叶鞘、叶片和一个膜质附属物（即叶舌）组成。叶片为单生，扁平，呈二列（二行）排列且无柄，窄条形，平行脉，叶片边缘完整，叶尖尖锐。叶鞘是一个开放的圆筒状结构，叶鞘的边缘呈重叠式或开裂式两种，重叠式即一个边缘重叠在另一个边缘上，这种重叠的边缘在茎上逐叶交替；开裂式即有开裂边缘，上部开裂明显（附图4）。叶片几乎都有叶舌，但几乎没有耳状突起。叶舌是一个薄而膜质的附属物，与叶片和叶鞘交界处的内缘相连。花序开展或收缩或单侧圆锥花序，花序是复合的，由一系列开花枝和小穗组成。圆锥花序下部的花序梗通常较长；小穗可以排列在穗状花序中。燕麦属于自花授粉植物，雌雄同体。具有高度专门化的花结构。雄蕊的数量为3或3的倍数。花瓣的鳞片状残余物有时会在花朵基部被发现。花朵被两片保护性的苞片或鳞片所包裹，外层是外稃，内层是内稃。在每根穗轴的基部都有一些额外的鳞片，称为颖片，它们的大小和形状因物种而异。受精后，单一的子房会发育成一个角粒，包含胚胎和胚乳，胚乳主要以淀粉的形式储存能量，供萌发的幼苗使用。燕麦的花序杆（主轴）有两种类型，直的和弯曲的，也就是有假节现象，假节（False Node）指秆上形态类似节，但无真实解剖结构的部位，此结构表现为波状弯曲或类似膝弯状现象。燕麦植物形态特征等见图3-1至图3-4。

皮燕麦（Avena sativa）小穗含1~2小花，小穗轴近于无毛或疏生短毛，不易断落；第一外稃背部无毛，基盘仅具少数短毛或近于无毛，无芒，或仅背部有1较直的芒；第二外稃无毛，有芒或无芒，外稃革质到甲壳质，有毛或无毛，具7条脉，二裂或全缘具一粗壮膝曲芒从背表面发出或无芒；内稃是双龙骨，龙骨上有毛；在每一个小穗的基部是额外的鳞片，叫颖片，其大小和形式不同种有所不同，下部和上部的颖片彼此相等或明显不等长，具羽状毛，并且在种子脱落后仍然附着在圆锥花序上。在野生燕麦种中小穗轴是脆弱的，至少低于最低小花的部分是这样，但在栽培燕麦种中是坚韧的。雄蕊数量为3。

裸燕麦小穗含3~6个小花，长2~4 cm；小穗轴细且坚韧，无毛，常弯曲，第一节间长达1 cm；颖草质，边缘透明膜质，两颖近相等，长15~25 mm，具7~11脉；外稃无毛，草质而较柔软，边缘透明膜质，具9~11脉，顶端常2裂，第一外稃长20~25 mm，基盘无毛，背部无芒或上部1/4以上伸出1芒，其芒长1~2 cm，细弱，直立或反曲；内稃甚短于外稃，长11~15 mm，具2脊，顶端延伸呈芒尖，脊上具密纤毛；雄蕊3，花药长约2 mm。颖果由胚胎和胚乳组成，主要以淀粉的形式为发芽的幼苗储存能量。

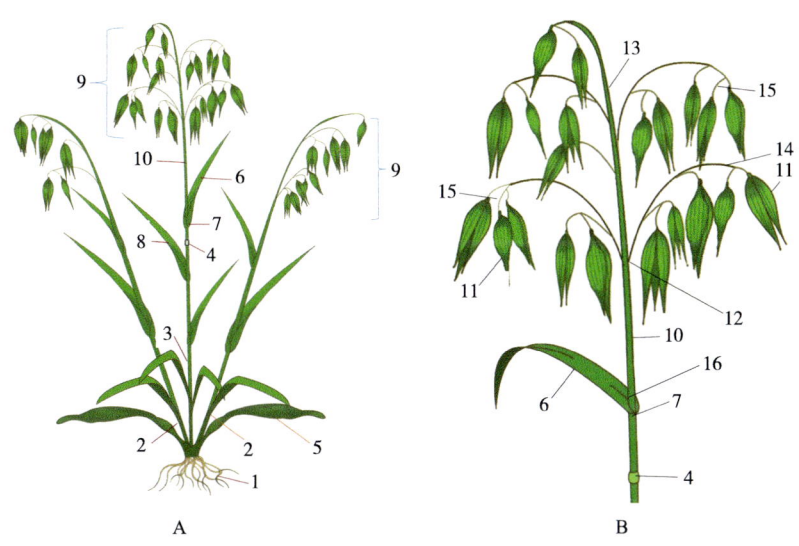

1.根系、2.分蘖、3.主茎、4.主茎茎节、5.叶片、6.旗叶、7.旗叶叶鞘、8.倒二叶、9.花序、10.花序杆（总穗杆）、11.小穗、12.主轴第一节点轮生分枝、13.穗轴、14.小穗主分枝、15.小穗次分枝（小穗轴）、16.旗叶叶舌

图3-1　燕麦的植株和花序结构图（A整株，B花序）

图3-2 燕麦小花结构图

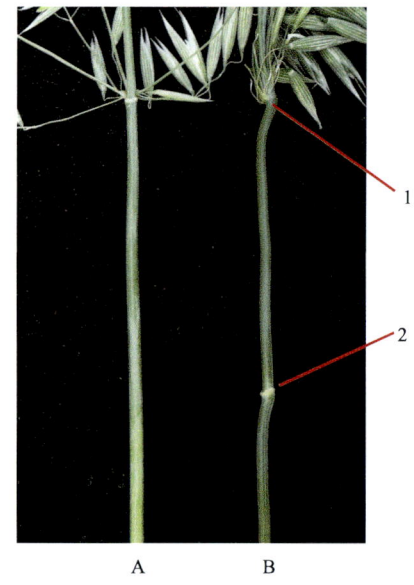

图3-3 燕麦花序杆(轴)类型(A直;B弯曲:1假节,2主轴的第一节)

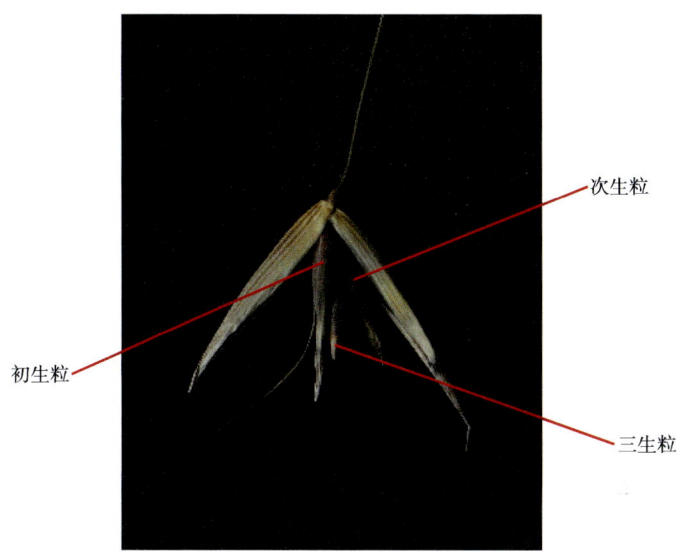

图3-4 燕麦小穗结构

皮燕麦颖果与稃体不易分离,而裸燕麦与稃体分离。皮燕麦籽粒(带稃壳的种子)有白色、红色、黑色、褐色、灰色等颜色。

3.1.2 燕麦与其他禾谷类作物及其种间鉴别

燕麦与其他禾谷类作物在成株时很容易识别,但幼苗时期的鉴别需要通过关键营养器官才能区别,其幼苗和营养期主要区别体现见表3-1和图3-5。

表3-1 燕麦与其他几种常见禾本科禾谷类作物区别

种名	燕麦	小麦	黑麦	小黑麦	大麦
所在的属	燕麦属	小麦属	黑麦属	小黑麦属	大麦属
拉丁学名	*Avena* L.	*Triticum* L.	*Secale* L.	× *Triticosecale* Wittm. ex A. Camus	*Hordeum* L.
倍性	二倍体、四倍体、六倍体；多数栽培种为六倍体，极少量四倍体和二倍体	二倍体、四倍体、六倍体；种植最广普通倍体小麦为异源六倍体	二倍体	六倍体、八倍体	二倍体
代表种	燕麦 *Avena sativa* L.	小麦 *Triticum aestivum* L.	黑麦 *Secale cereale* L.	小黑麦 × *Triticosecale* Wittmack	大麦 *Hordeum vulgare* L.
花序	圆锥花序	穗状花序	穗状花序	穗状花序	穗状花序
颖片	大，包被小穗	宽短革质，脉纹清晰，不包被小穗	窄长，覆盖小穗部分	形态介于双亲之间，更接近黑麦窄长特征	窄，或高度退化（尤其栽培品种）
芒	多膝曲芒（中部弯曲成直角）；着生位置在外稃背部中下部	直芒或短芒，少数无芒；着生位置在外稃顶端	长而坚硬，直立或微弯，可能稍弯曲（但非膝曲）；着生位置在外稃顶端	介于小麦与黑麦之间，中等长，可能稍弯曲（但非膝曲）；着生位置在外稃顶端	直芒或钩状芒；着生位置在外稃顶端
小花数	1~3（常2~3）	3~5	2（少数3）	3~5（通常2~3朵可育）	1（二棱）或 3（六棱）

第3章 燕麦植物学特征和生物学特性

（续表）

种名		燕麦	小麦	黑麦	小黑麦	大麦
苗期至营养期	叶舌	叶舌中等长度	叶舌中等长度，突出但比燕麦的短	叶舌小且不规则地有缺刻	中等长度；特征可能介于小麦和黑麦两者之间	叶舌小，中等长度
	叶耳	无叶耳，但叶缘常有毛	短而窄，钝，有毛（毛仅限于叶耳）	叶耳极短且无毛叶舌短	叶耳钝且有毛	长而滑，长而纤细，无毛
	叶鞘和叶片	叶鞘的喉部敞开或散敞白彩；叶片无毛或有毛（某些品种有散分布或密敞柔毛）	叶鞘无毛，叶鞘或叶片总有毛	叶鞘和叶片的毛茸程度不一致	叶鞘和叶片有毛	叶鞘松弛抱茎；叶鞘和叶片通常无毛（某些品种有少量毛）
	叶片旋转方向	从上面看，野生燕麦（和栽培燕麦）的一半部分的叶子往往是逆时针旋转的（叶片逆时针扭转），（但注意叶尖通常是顺时针扭转的）	从上面看，叶子倾向于顺时针旋转（顺时针扭转），叶片顺时针针旋转	从上面看，叶片顺时针旋转（顺时针扭转）	从上面看，叶片顺时针旋转（顺时针扭转）	从上面看，叶片顺时针旋转（顺时针扭转）
其他		野燕麦作为谷类作物的重要区分，普通野燕麦在营养生长阶段无法与栽培燕麦区分开来，但野燕麦的种子可以与栽培燕麦的种子区分开来	小麦和小黑麦幼苗相似而难以区分。将幼苗从土壤中拔出并观察谷壳特征加以区分。小麦谷壳较浅，往往比小黑麦浅，小麦谷壳呈长椭圆形，小黑麦谷壳呈完长椭圆形			

· 39 ·

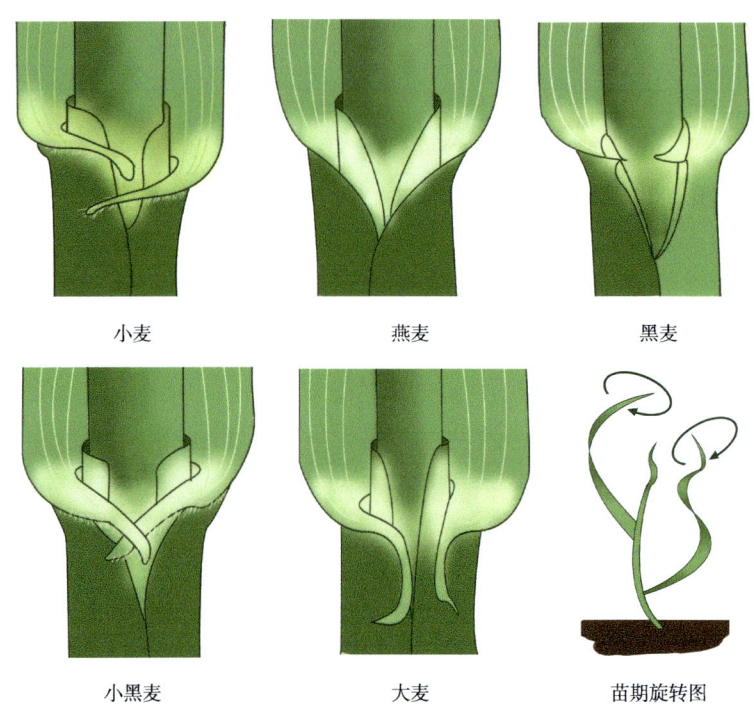

图3-5 燕麦与其他禾谷类作物鉴定图及燕麦叶片旋转方向模式图

燕麦种间的鉴别难于燕麦与其他禾谷类作物间鉴别。在燕麦的形态特征中，小穗的形态特征主要用于种的划分和分类，并应用颖片形状、外稃尖端的结构、基部断面疤痕的大小和形状、小穗轴的形状、芒插入外稃的点、成熟时小穗脱落的模式等性状进行判别。在营养生长阶段，要准确地鉴别不同种类的野燕麦非常困难，但野燕麦的花序出现后，有两个特征能使野燕麦（*A. fatua*）和不实野燕麦亚种（*A. sterilis* ssp. *Ludoviciana*）容易被鉴别区分，主要区别关键是两者小穗中第三粒种子上芒的有无，两个物种小穗中的第一（初生粒）和第二粒种子（次生粒）总是有芒的，完全发育的第三粒种子上，野燕麦有芒的存在，而不实野燕麦亚种却缺失芒，我们可以使用手持放大镜更容易看出。

对于燕麦不同种，小穗的两个颖片在长度上的不同，也可以区分一些种，将其分为两颖极度不等长、两颖接近等长和两颖等长三种类型，颖片类型划分见模式图3-6，大多数燕麦种中，小穗的两个颖片在长度上相等或几乎相等。而不完全燕麦（A.clauda）是例外，其下颖片的长度约为上颖片的一半，异颖燕麦（A. pilosa）种两片颖也极不等长，而偏凸燕麦（A. ventricosa）、长颖燕麦（A. longiglumis）、小硬毛燕麦（A. hirtula）、大西洋燕麦（A. atlantica）的两片颖接近等长，而野燕麦（A. fatua）和栽培普通燕麦（A. sativa）两颖片等长。

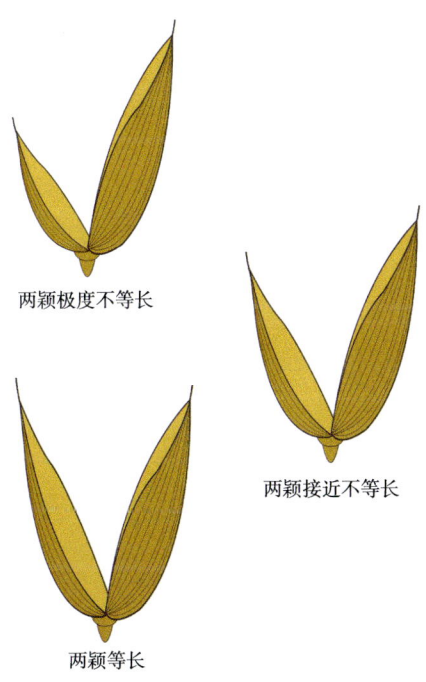

图3-6　燕麦两颖片类型划分图

种子外稃尖端的结构也是区分种的一个特征，分为外稃顶端深两裂似双长芒和外稃顶端浅裂为双齿或双锥状两种类型（图3-7）。野燕麦（*A. fatua*）和西方燕麦（*A. occidentalis*）外稃顶端浅裂为两齿，异颖燕麦（*A. pilosa*）外稃顶端深两裂。

成熟时小穗脱落的模式也是区别种的一个特征，有的种小穗轴无关节，不易脱落；有的种小穗轴具关节，成熟时易脱落（表3-2）。成熟时野生燕麦种呈现一种或两种小穗脱落模式；要么在下方小花的基部，要么在每个小花上。在第一种类型中，传播单元包含两个或多个小花（种子），而在第二种类型中，传播单元是单种子。这一特性很容易区分一些种，已被燕麦广泛利用。分离方式可能是主要的甚至是唯一的区别密切相关的物种，如不完全燕麦（*A. clauda*）和异颖燕麦/绵毛燕麦（*A. eriantha*）。不同种燕麦各器官的区别见表3-2和表3-3。

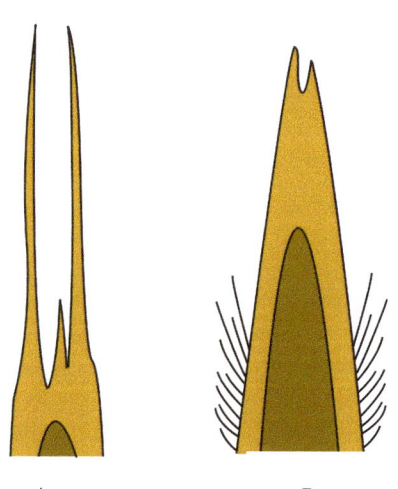

（A深裂为双细长芒状，B浅裂为双齿或双锥状）

图3-7 燕麦外稃尖端的两种基本形式

表3-2 燕麦种的形态描述

种类（拉丁名）	幼苗生长习性	花序杆（轴）	株高（cm）	花序类型	小花数	两颖片比较	外稃尖端特征	小穗成熟时脱节情况
A. clauda	匍匐型-半匍匐型	直立	60~100	单侧型	3~5	极度不等长	双芒状-双锥状	全部脱落
A. pilosa	匍匐型-半匍匐型	直立	55~85	单侧型	2~3	极度不等长	双芒状-双锥状	仅下部分
A. ventricosa	匍匐型	直立	65	单侧型	2	接近等长	双锥状	仅下部分
A. bruhnsiana	匍匐型	直立	70~110	单侧型	2	接近等长	双锥状	仅下部分
A. longiglumis	半直立型-匍匐型	直立	50~180	周散型/单侧型	2~3	接近等长	双芒状	全部脱落
A. damascena	匍匐型	膝弯状	70~80	周散型	3	等长	双芒状	全部脱落
A. prostrata	匍匐型	膝弯状	50~60	单侧型	2~3	等长	双芒状	全部脱落
A. canariensis	匍匐型	直立	50~75	单侧型	2~3	等长	双齿状	仅下部分
A. wiestii	半直立型-匍匐型	直立	75~140	周散型	2	接近不等长	双芒状	全部脱落
A. hirtula	半直立型-匍匐型	直立	70~150	周散型	2~3	接近不等长	双芒状	全部脱落
A. atlantica	匍匐型	膝弯状	95	周散型	2~3	接近不等长	双芒状	仅下部分
A. barbata	匍匐型-直立型	直立	65~210	周散型	2~4	接近不等长	双芒状	全部脱落
A. vaviloviana	匍匐型-直立型	直立	80~110	单侧型	2~3	等长	双芒状	全部脱落
A. agadiriana	匍匐型	膝弯状	60	单侧型	2	接近不等长	双齿状	仅下部分

（续表）

种类（拉丁名）	幼苗生长习性	花序杆（轴）	株高（cm）	花序类型	小花数	两颖片比较	外稃尖端特征	小穗成熟时脱节情况
A. magna	匍匐型	膝弯状	65~100	单侧型	3~4	接近不等长	双齿状	仅下部分
A. murphyi	匍匐型	膝弯状	70~80	周散型	2~6	等长	双齿状	仅下部分
A. insularis	匍匐型	膝弯状	60	单侧型	3~5	等长	双锥状/短双芒状	仅下部分
A. macrostachya	半匍匐型	直立	100	周散型	6~8	极度不等长	双锥状	全部脱落
A. sterilis	直立型-匍匐型	直立	30~145	周散型	3~5	等长	双齿状	仅下部分
A. ludoviciana	直立型-匍匐型	直立	40~150	周散型	3	等长	双齿状	仅下部分
A. fatua	直立型-匍匐型	直立	40~150	周散型	2~3	等长	双齿状	全部脱落
A. occidentalis	半直立型-匍匐型	膝弯状	40~100	周散型	3~4	等长	双锥状	全部脱落
A. strigosa	半匍匐型-直立型	直立/膝弯状	75~125	周散型/单侧型	2	等长	双芒状	不脱落
A. abyssinica	直立型	直立	50~90	单侧型	2	等长	双芒状	不脱落
A. byzantina	直立型-匍匐型	直立/膝弯状	60~150	周散型	3~4	等长	双芒状	不脱落
A. sativa	直立型-匍匐型	直立/膝弯状	40~180	周散型/单侧型	2	等长	双芒状	不脱落

（引自 Sing 和 Upadhyaya，2016）

第3章 燕麦植物学特征和生物学特性

表3-3 常见燕麦种的形态区别

特征	栽培普通燕麦 *Avena sativa*	砂燕麦 *Avena strigosa*	野燕麦 *Avena fatua*	不实野燕麦 *Avena sterilis*	莜麦 *Avena chinensis*
苗期生长习性	直立型—匍匐型	半匍匐型—直立型	直立型—匍匐型	直立型—匍匐型	直立型—匍匐型
花序类型	等边型/单侧型	等边型/单侧型	等边型	等边型	等边型
叶片宽度(mm)	3~25	可达10	3~15	6~14	3~16
花序分支	花附着在分支上而不是花序的主轴上	花附着在分支上而不是花序的主轴上	花附着在分支上而是花序的主轴上		
小穗长度(cm)	1.8~5	1.4~2.6	1.8~3.2	15~45	2~4
小穗具小花数	2~3	2	2~3	2~5	3~6
颖片上的芒	颖片无芒	颖片无芒	颖片无芒		
颖片相对长度	一个或两个颖片与所有小花一样长或更长	等长	一个或两个颖片与所有小花一样长或更长	等长	
外稃芒长度	15~30 mm	3~35 mm	23~42 mm		背部无芒或上部1/4以上伸出1芒,其芒长1~2 cm

（续表）

特征	栽培普通燕麦 Avena sativa	砂燕麦 Avena strigosa	野燕麦 Avena fatua	不实野燕麦 Avena sterilis	瘦燕麦 Avena chinensis
芒	多为直芒	多为膝曲芒	有深色、膝曲的芒	多为膝曲的芒	直或膝曲芒
叶舌长度（mm）	2~8	2~5	4~6	2	2
花药长度（mm）	1.7~4.3	2.5~4			
叶鞘毛类型	叶鞘表面无毛				
小穗中第三粒种子芒的有无	无		芒出现在小穗中的第3粒种子上（若存在第4粒种子也有芒）	芒不出现在小穗中的第3粒种子上（若存在第4粒种子也不在其上）	无
种子成熟脱落情况	不脱落	不脱落	种子成熟时分开，单独脱落，全部脱落，种子会有深色	仅下部分脱落，即每个小穗内的两到三颗种子仍连在一起，并作为一个整体脱落	籽粒脱落
种子	带稃壳	带稃壳	带稃壳，种子具一个独特的"吸盘嘴"，在种子的底部，它附着在轴上	带稃壳	不带稃壳

3.2 燕麦的生长发育和生物学特性

3.2.1 燕麦生长发育影响因素

燕麦（*Avena sativa* L.）是一种适应于冷湿气候的作物，了解其生物学特性及生长规律，益于我们抓住新种质创制和栽培技术关键时期，获得更大的产量和效益。

3.2.1.1 燕麦生长发育影响主要因素

燕麦生长取决于入射光、冠层大小以及作物捕获和利用光能并储存干物质的能力。晴天的生长量是阴天的3倍，因为云层会阻挡约2/3的太阳能量。利用优化绿色冠层大小来管理生长，可以通过在整个生长季节中调整管理措施来实现，例如调整播种密度、施肥、病害控制以及施用植物生长调节剂等。

燕麦的发育通过生长阶段的进展来衡量，只能通过品种和播种日期来改变。发育速率受以下因素影响：

温度：温度越高，发育速率越快。

日照长度：日照时间越长，花的发育越提前。冬燕麦通常需要一段冷凉时期（春化作用）来诱导开花。然而，与冬小麦不同，这并不是必需的要求，未经过春化作用的冬燕麦品种最终也会开花。

3.2.1.2 燕麦生长发育的关键点

生长：作物整体大小或重量的增加。

发育：作物结构的变化；通过生长阶段的进展来衡量。

生长受个体管理决策的影响，而发育则取决于品种的选择。

3.2.2 生长发育过程

燕麦生长发育过程涵盖从种子萌发到成熟收获的多个阶段。

包括：种子萌发、幼苗生长、分蘖、拔节、抽穗、开花授粉和籽粒灌浆与成熟以及种子收获与后熟阶段（图3-8），其生长各个阶段持续时间因气候、土壤类型和品种等因素而异，大约需要的时间见表3-4。根据具体条件的不同，燕麦成熟期可能会在70～180 d波动。

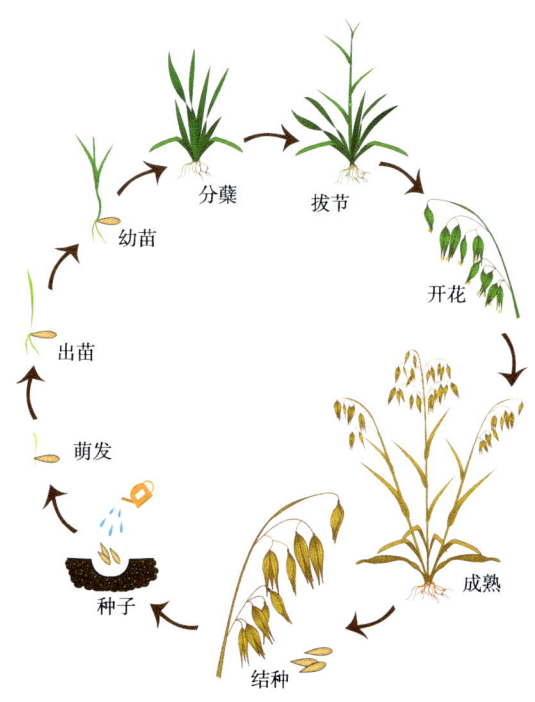

图3-8 燕麦生长发育过程

有几个因素会影响燕麦的成熟期，包括：

气候：燕麦需要温和的气候，具备充足的水分以及温度在10～25℃的条件。极端温度、干旱或过多降雨都可能导致燕麦成熟期延迟或提前。燕麦耐干旱，但也是喜水植物，在水分充足的情况下生长旺盛。要获得高产的燕麦，需要相对湿度高且降水规律的生长条件。雨养下，燕麦作物产量几乎与夏季的降水量成正比。

土壤类型：燕麦在排水良好、肥沃且pH值在6.0~7.0范围内的土壤中生长良好。但也能在不同类型的土壤中生长，而有些品种甚至能耐受约pH 4.5酸性与大于pH 8.5的碱性土壤条件，土壤质量差或积水条件会影响燕麦的成熟。

品种：不同燕麦品种的成熟期各不相同，范围70~180 d不等。

播种日期：播种时间会显著影响燕麦的成熟期。在早春或夏末/初秋播种的燕麦，其成熟速度往往比在仲夏播种的燕麦更快。

燕麦的生长发育过程是一个复杂的生理和形态变化过程，涉及多个关键阶段。从种子萌发到成熟收获，每个阶段都需要适宜的环境条件和科学的田间管理。通过了解燕麦的生长发育规律，可以采取有效的栽培措施，提高产量和品质，为农业生产提供重要支持。

表3-4　燕麦生长阶段及大约持续时间

生长阶段	持续时间（d）	解释
发芽期	7~14	燕麦从种子中萌发的初始阶段
幼苗期	14~21	在此阶段，幼苗长出第一组叶片
分蘖期	21~28	燕麦长出额外的叶片和茎，形成分蘖现象
旗叶出现期	28~35	旗叶（也称为顶叶或剑叶）开始出现并展开
开花期	35~42	燕麦产生花朵，这些花朵通过风或昆虫进行授粉
灌浆期	42~56	籽粒开始填充胚乳，灌浆，这一过程持续到成熟
成熟期	56~120，极晚熟大于120 d	籽粒逐渐干燥并成熟，颜色从绿色变为金黄色

3.2.2.1　种子萌发与叶的生长发育

燕麦种子的萌发是一个涉及多种环境因素的复杂过程。燕麦种子萌发的最适温度为15~20℃。种子发芽的最低温度为3~4℃，但在此温度下发芽速度较慢。种子只有在适宜的温度和湿度条件下开始吸水膨胀。燕麦种子在萌发前需要吸收大量水分，通常吸收其自身重量65%~120%的水分。吸水后，种子壳软化，胚根鞘首先萌动，突破种皮。接着胚根生长，生出初生根。随着胚根鞘的萌动，胚芽鞘也破皮而出，长出胚芽。胚芽鞘具有保护第一真叶出土的作用。当胚芽鞘露出地表后，停止生长，从中生长出第一片真叶。根据土壤温度和湿度条件，燕麦种子从播种到出苗一般需要6~8 d，有时可能延长至11 d以上。燕麦种子对高温敏感，温度超过30℃会抑制种子的萌发。土壤湿度应保持适中，既不能太干也不能太湿。过干的土壤会阻碍种子的吸水，影响萌发；过湿的土壤则可能导致种子腐烂。虽然燕麦种子在黑暗条件下也能萌发，但适当的光照有助于提高萌发速度和发芽率。光照对燕麦幼苗的生长也有促进作用。燕麦对土壤的适应性较强，但在土层深厚疏松、排水良好的壤质土中生长最佳。

播种后不久，第一片叶子从胚芽鞘中长出。随后，主茎和分蘖上的叶片不断长出，直到最后一片（旗）叶出现。叶片出现的速率称为叶龄期。叶龄期受温度影响，并用积温（℃·d）来衡量。燕麦的叶龄期约为每片叶145℃·d。

燕麦叶片萌发的持续时间将受到播种密度、生长环境以及品种的春化作用和光周期需求的影响。叶片最初出现在顶端分生组织，细胞分裂最初发生在叶尖，随着细胞分裂的继续。细胞的扩展导致叶片的伸展，当叶片和叶鞘完全伸展时，叶片生长完成。在主茎上，叶片以大约规律的间隔出现，这取决于温度。叶片大小在连续生长的叶片中逐渐增加，较年轻的叶片其叶片和叶鞘更长更宽。随着植株产生更多叶片，其光合作用能力增强，为较年轻叶片以及其他器官的生长提供更多的同化产物。春季播种燕麦,叶片起始在发芽后15~20 d完成(Welch,1995)。燕麦对于特定播种日期而言,当以积温为基础测量时,所有叶片叶原基间隔(Plastochron)(叶原基形成间隔期)和叶热间距(Phyllochron)[相邻两片叶子出现的热时间(Thermal time)间隔]都是恒定的。决定叶片起始和出现对温度反应的这些因素或因子尚不清楚。日长变化率被认为与其有关,但尚未得到广泛证实。叶热间距5~7 d。决定叶片萌发和出苗对温度的这些反应的一个或多个因素尚不清楚。叶子光合作用为植物其他器官生长提供光合产物。

3.2.2.2 根的生长

燕麦的根系由初生根(种子根)和次生根组成。种子根为种子萌发时,胚根首先突破种皮向下生长形成的根。种子萌发后,由胚根先后长出3~4条初生根。初生根外面着生许多纤细根毛,寿命维持2个月左右,其主要作用是吸收土壤中的水分和养分,初生根主要是在幼苗发育阶段吸收水分和养分,当幼苗进入分蘖期后,从分蘖节长出次生根。燕麦的次生根比初生根粗壮,且根毛密集。次生根在幼苗阶段之后逐渐取代胚根系统,主要用于增强植株的稳定性和吸收养分,同时也可以帮助植株适应不同的生长环境。对幼苗的良好建立和作物的持续生长至关重要。燕麦根系的大小和长度与燕麦生长和后期产量有相关性,实验证明选择根长较长的燕麦品系显示出具有更高的籽粒产量、籽粒数量和植株高度的趋势(Welch,1995)。通常燕麦的根系的大小在营养生长阶段结束时达到最大值。所以在资源筛选和评价时可以对根系进行相应的测定。根体积可能是控制根系代谢的关键性状,由于体积比较难测量,根重与根体积之间有高度的相关性,实际操作中可以采用根重量作为选择标准比测量体积更容易些。燕麦的整个根系密集分布在地表下10~30 cm的耕作层，根群较大，能下扎达90~150 cm土层中。根系的发育、生长和正常功能受多个因素影响，根的穿透深度、根长以及根系在土壤剖面中的体积和分布，都会影响植物吸收水和养分的能力。充足的水分且通气良好的土壤是燕麦根系生长的保障。

迄今为止，还没有哪种分类将燕麦植株的根系作为燕麦分类中的一个重要特征。然而，根系之间存在差异，尤其是在数量上。在晚熟冬燕麦中，根系数量多于春燕麦。在具有明显匍匐型早期生长习性的晚熟冬燕麦中，根系数量似乎最多，而在早熟、直立生长的春燕麦中，根系数量通常要少得多（Coffman，1977）。

3.2.2.3　主茎和分蘖的发育

燕麦出苗后，通常经10~15 d相继长出2~4片叶时，可能开始分蘖并长出次生根，分蘖和次生根都是从近地表的分蘖节上长出的。主茎上叶片的叶腋处产生一级（初级）分蘖，一级分蘖上叶片的叶腋处产生（二级次级）分蘖。若种子播种深度不大，胚芽鞘的叶腋处也可能产生分蘖。分蘖可以持续到抽穗出现之后。

分蘖出现的数量以及个体发育位置受播种量（即燕麦植株的密度）、温度以及水和养分的供应情况影响。最终分蘖数是产量的重要组成部分。品种间也存在差异，分蘖后续的生长也取决于后期的生长条件。低播种量分蘖最多，但在中到高播种量下，更多的分蘖并无益处，只有一部分产生的分蘖能够存活并长出穗部，为有效分蘖，因为很少有次生分蘖能产生结实的穗部，未长出穗部的为无效分蘖。通常水肥条件良好时，一级分蘖或二级分蘖能够抽穗结实。土壤氮素对燕麦的分蘖影响非常重要，在茎秆伸长前施用氮肥通常会增加分蘖数，而后期施用氮肥则可以提高分蘖的存活率。在土壤低氮的地方，分蘖会提早停止。虽然春季施用大量氮肥，可以增加分蘖数，但次生分蘖也不会产生大的有效分蘖，但高产燕麦品种中产生的增多的无效分蘖可以起到燕麦对不利环境条件的缓冲作用（Lawes，1977）。

3.2.2.4 拔节

燕麦在分蘖时期，茎穗原始体开始分化。当植株生长到5～8片叶、基部第一节高出地面15 cm左右时，开始拔节。

拔节期是决定植株高度的关键时期，需要大量水分和养分。拔节期遇高温干旱，生长迅速的情况下，拔节期缩短，抽穗期提前，会影响植株高度，最后影响草产量；如拔节期遇高温且水分充足，高温促进拔节期缩短，在不影响株高的情况下，会增加倒伏的风险。拔节期温度适宜，水分充足的条件下，燕麦植株生长高度会达到理想的高度，生物量相应增大。茎秆对于饲用燕麦作物来讲尤为重要，应该通过育种来选择适宜特定地区的最佳抽穗时间。将适当的光周期和春化需求纳入品种选育目标中。如在我国北方河北坝上地区，抽穗必需足够延迟才能获得高产，但也必需足够早，在霜冻来临前完成令人满意的灌浆和整个生育期。

3.2.2.5 抽穗

小穗分化从穗部主轴和分枝的尖端开始，以向基顺序进行，在穗部启动开始时，顶端分生组织的长度小于1 mm。因此基部分枝最后分化。在主轴和分枝的尖端只产生单个小穗，而不是成簇的分枝小穗。有报道说小穗的分化大约需要18 d，但未描述气候条件，特别是温度，因此无法与其他地理区域进行比较。在分化过程中，顶端分生组织增大，并随着节间的伸长而向上移动。当完全发育时，它通过最上部最年幼叶片的叶鞘抽出，形成穗部。颖片是小穗中第一个分化的器官。穗部其他器官以向顶顺序出现和发育，小花各部分以外稃→内稃→雄蕊→浆片→雌蕊→胚珠原基，这样向顶顺序发育。基部小花发育最先，可能产生比其上方小花更大的籽粒；第二朵小花通常可育，但第三朵小花可能因分枝在穗部内的位置以及品种和环境条件的不同而不结粒。

温度对抽穗影响很大，对于晚熟品种在相对温度高而遇到春季干旱的地方或抽穗期遇到高温且干旱时候，抽穗就会受阻，穗不能全部完全抽出，只抽出部分穗子就停止抽穗，如果在河北中南部、山东及北京地区种植的晚熟燕麦常存在这种现象，对籽粒和生物量的产量均有很大影响，所以这些地区春季播种宜早不易迟。

燕麦的阶段发育和抽穗进程主要受光周期和春化作用的影响。燕麦被认为属于长日照植物，随着日照长度的增加，从播种到穗出现的时间逐渐缩短。栽培燕麦没有春化需求，而且冬季品种对低温没有强制性需求，因为这类品种最终会抽穗。有研究证明，加拿大燕麦Donald品种的单个显性基因$Di1$已被证明控制了对光周期的不敏感性（Burrows，1984）。

3.2.2.6　开花及开花习性

燕麦的穗部抽出后不久即进入开花期，此时花药裂开，成熟的花粉散落在羽毛状的柱头上。小花可能因其基部浆片的肿胀而张开，使得花药伸出并悬挂在颖片之外。由于燕麦是自花授粉植物，小花张开的方式对于实现授粉并不是必需的，但可以使我们知道燕麦进入了开花散粉时期。

燕麦在穗尚未全部抽出时，顶部小穗即行开花，边抽穗边开花。燕麦每天开花一次，而且在一天中的特定时间开花。多数在大约14:00—18:00花朵开放，16:00左右为开花盛期。燕麦的开花时间很短，若大约在14:00开始，持续大约30 min，开花时间随燕麦种类、环境条件、地域分布不同也存在差异。

燕麦穗（花序）的开花顺序是从上到下，而穗（花序）里小穗中的小花却是从下至上的。 在每个小穗中，小穗的两个小花很少在同一天开花，下方的小花会比上方的小花提前一天开花。最先开花的是最上方小穗的下方小花。第二天，同一小穗的上方小花以及下方小穗的下方小花会开花。第三天，第二个小穗的上方小花会开花。同日，与上方穗（花序）节点由最长花梗连接的小穗的下方小花开花。第四天，后者小穗的上方小花以及与同一节点由较短花梗连接的小穗的下方小花开花，依此类推（图3-9）。开花始于浆片（内、外稃基部的小鳞片）的肿胀，它们将外稃和内稃推向相反的方向。然后，柱头暴露出来，同时花药花丝迅速伸长。紧接着，花药沿着现有的裂缝裂开，释放出花粉。

随着开花的进行，顺序保持不变，但要准确追踪特定一天将要开花的小花并不总是能做到。

燕麦只有在自然花期的短时间内进行杂交才能获得杂交种子。为此把握开花期，选择适宜时期和时间杂交非常重要，所以，杂交时，可以通过选择那些下方小花已经开过花（看不到花药）的小穗，来识别上方小花预计在同一天达到盛花期的小花，对仍保有花药的上方小花进行杂交操作。燕麦人工杂交由两个阶段组成：去雄和授粉。两者可以在同一时间操作中进行，先去雄随之授粉，如果需要大量的杂交种子，则选择整体先早一点去雄，然后授粉，可以是上午去雄、下午授粉。

燕麦的花虽然比较大，要想杂交成功并获得杂交种子并不简单，首先必需熟悉燕麦开花习性，了解燕麦穗的开花模式及柱头授粉和花药成熟的确切时间。其次杂交时要认真细致，去雄必须干净，不然获得的种子不一定是杂交种。为了创制更多的新种质资源，育成优良品种，常规杂交育种仍是重要的手段。

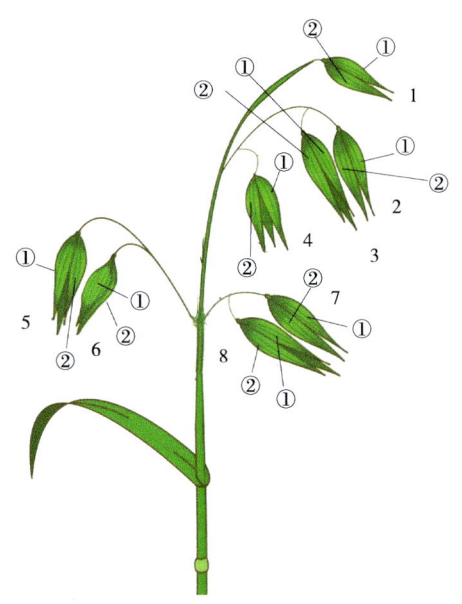

图3-9 燕麦的开花模式

（注：1，2，3，4，5，6，7，8为小穗开花顺序，①、②为小花开花顺序）

3.2.2.7 灌浆

燕麦种子灌浆过程是燕麦种子发育的关键阶段，指受精后的子房（或胚珠）通过光合产物和养分的积累，逐渐形成饱满种子的生理过程。这一过程直接影响种子的重量、品质和最终产量。燕麦授粉后，受精将在24 h内发生。授粉是花粉从雄蕊传到雌蕊柱头的过程，之后花粉粒在柱头上萌发，形成花粉管，花粉管沿着花柱向下生长，最终进入胚珠。当花粉管进入胚珠后，会释放出两个雄细胞核（精细胞）。其中一个雄细胞核与胚囊中的两个极核融合。极核是胚囊中两个较大的细胞核，它们在受精前已经融合或即将融合。雄细胞核与极核融合后形成胚乳核，胚乳核经过多次有丝分裂，发育成胚乳。胚乳是种子中储存营养物质的部分，为胚的发育提供养分。另一个雄细胞核与胚囊中的卵细胞融合。融合后形成受精卵，受精卵经过一系列的细胞分裂和分化，最终发育成胚。胚包含胚根、胚芽、胚轴和子叶等结构。灌浆启动期是受精后，胚乳或子叶开始细胞分裂，形成养分积累的基础。启动后很快进入线性增长期，开始积累淀粉、蛋白质等物质，使籽粒体积迅速增大，含水量高，此期受环境影响比较大。线性增长期后进入缓增期，灌浆速率减慢，种子逐渐脱水成熟，进入成熟期，代谢活动停止，种子含水量下降，进入休眠。

灌浆受温度、水分以及营养的影响。温度再由两个因素决定，即速率和持续时间，其中一个因素的增加通常会导致另一个因素的减少。灌浆期最适宜的温度在15～25℃，超过30℃，导致酶活性降低，灌浆期缩短，籽粒瘪粒增多。

灌浆初期（开花授粉10～20 d）对干旱敏感，缺水导致光合速率下降，胚乳细胞扩张受阻。灌浆初期籽粒中的水分含量占比较大，但随着淀粉的积累，水分含量逐渐降低。只要植物继续进行光合作用，淀粉就会不断在籽粒中沉积。然而，如果干旱等因素导致绿色组织早衰，茎秆中的碳水化合物储备可能会被重新动员，以确保灌浆过程继续进行。在灌浆期间，以及在抽穗前的茎秆伸长阶段，燕麦作物与小麦和大麦作物一样，最容易发生倒伏，但燕麦整株的倒伏性是与多种因素有关，燕麦的穗部鲜重、植株高度、茎秆刚度和直径、叶面积、根的数量、刚度和直径以及根与茎秆基部连接的角度和构型，都与整株植物的抗倒伏性有关。这些特性受到天气和土壤条件、管理措施和基因型的影响。水分过多也不好，如持续降雨或水渍导致根系呼吸受抑制，减少养分吸收；灌浆期对养分的需要也是必需的，适当增加穗肥（如尿素）可延长灌浆期，增加籽粒蛋白质含量，过量氮肥会导致贪青晚熟；施用钾肥可以促进燕麦糖分运输，增加燕麦的抗倒伏能力。燕麦灌浆的模式是属于异步灌浆，也就是在同一穗中，上部籽粒优先灌浆，下部籽粒或许由于养分竞争而供给不足而败育。

燕麦的光合效率对籽实产量也很有影响（图3-10），燕麦各种组织的光合能力不同，在燕麦中，旗叶和倒数第二片叶对籽粒生长的贡献非常重要，低于倒数第二片叶的叶片对产量的贡献要小得多（尽管它们占总叶面积的40%）。叶片可能在出现后不久（约20 d）就达到最大光合作用速率，而后开始下降。

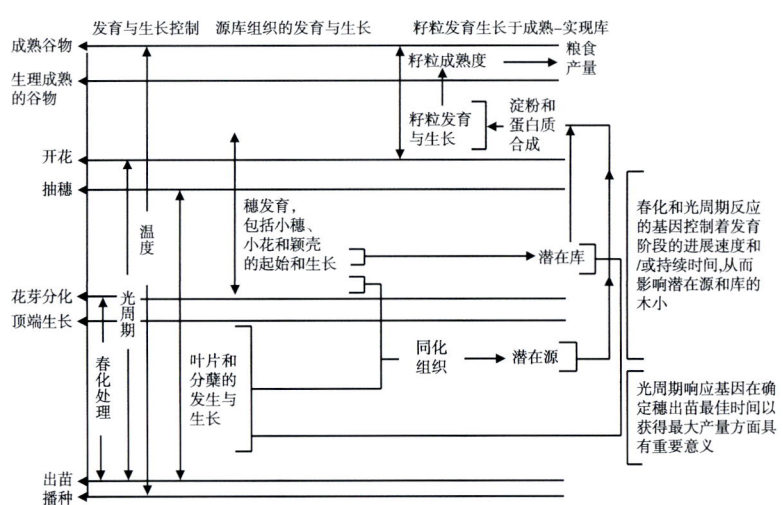

图3-10　燕麦发育阶段生长发育及其对产量影响的关系

（引自Welch，1995）

籽粒灌浆能力由每穗籽粒数和籽粒大小决定。潜在每穗籽粒数在旗叶出现前的小穗发育阶段确定。籽粒灌浆决定最终籽粒大小，但籽粒数量对最终产量的影响更大。光合作用和茎秆贮藏物质再分配对籽粒灌浆均至关重要。最终籽粒干重、外观和容重均在籽粒灌浆期间确定。

种子灌浆是燕麦种子产量形成的"最后冲刺"，合理调控可显著提升千粒重和品质，尤其在气候变化背景下，耐逆品种选育和精准栽培技术尤为重要。燕麦的合理种植密度，配套的精准水肥管理，优化的群体结构，才能保证获得籽粒饱满、千粒重大以及高产优质的燕麦种子。

3.2.2.8 成熟

燕麦种子的成熟期是种子发育的最后阶段，通常可分为4个连续的关键阶段，每个阶段的生理变化和形态特征不同，直接影响种子的活力、贮藏物质积累及休眠特性。可分为乳熟期（灌浆初期）、蜡熟期（形态成熟期）、完熟期（生理成熟期）和黄熟（后熟期：休眠准备期）4个时期。

燕麦开花受精后，植株的衰老过程加速，剩余的叶片、茎节和穗部失去光合作用的能力。种子成熟还需大约两周时间，整株植物逐渐干枯，随着水分含量降低至20%以下，种子的含水量才会达到适宜收割的程度（理想情况下含水量不超过15%），种子变硬，此时即可收获。

成熟的种子产量决定的主要因素是小穗和小花的数量和大小。每穗的小穗数量很大程度上决定于燕麦穗轴的长度、轮生的数量以及每轮生中的一级分支数量。穗内小穗的最终小花数量从基部向上逐渐减少，由于燕麦穗部的分支顺序，小穗位点在基部节点上最为丰富，穗轴轮生顶部的每小穗籽粒数量往往比下部的高。受土壤、气候环境等影响，燕麦小穗中小花数往往不能全部发育成熟而结实，发育的籽粒数量远低于起始的小花数量。每穗籽粒数是一个可遗传性状（受品种影响较大），但每穗籽粒数和每平方米穗数也受管理措施的影响。在燕麦中，产量与籽粒数量的关系比与籽粒大小的关系更为密切。种子产量由三个组成部分构成，单位面积穗数、每穗粒数和粒重，其中种子粒重量最为稳定。不同地点和季节之间的产量差异大多反映在种子数量而非种子粒重量上。

种子含水量是燕麦储存过程中最重要的考虑因素，主要由环境因素决定。应在储存前干燥至11%~15%的含水量，我国国家标准规定种子水分含量不高于13%。含水量控制不当可能导致微生物生长、种子质量下降，种子内营养品质下降以及引发导致变质的微生物生长。

3.2.3 燕麦的生长规律观察记录方法

燕麦的生长规律观察记录的方法目前国外多采用国际认可的Zadoks的十进制代码，它是一种用于描述禾谷类作物生长阶段的系统。十进制生长量表对其生长阶段进行准确评估，这种评估工具，对于科学研究、燕麦的实践管理均具有国际认可性。该量表基于10个主要的生长阶段，从0到9进行标记，这些阶段进一步细分为10个次级阶段，从而将量表扩展到00到99的范围。

燕麦主要生长的阶段包括（表3-5）：0-种子萌发，1-幼苗生长，2-分蘖，3-茎伸长（拔节），4-孕穗，5-抽穗，6-开花，7-乳熟，8-蜡熟，9-完熟。每个主要生长阶段又被细分为10个次级阶段。根据不同生长阶段，用数字来表示。出苗后，通过统计已长出的叶片数量来为幼苗生长情况打分，计数叶片的规则如下：只数主茎上的叶子。例如，早期生长阶段，如幼苗生长、分蘖和茎伸长阶段，"一片叶"记录为11，"三片叶"记录为13，如记录为11.5即相当于一片半叶子，而13.9即表示非常接近4片叶子完全出现。同样，分蘖期，也就是一旦分蘖从包被叶（着生该分蘖的叶片）的叶鞘中伸出，即对其进行计数；仅计数分蘖，不计主茎。分蘖起源于每个叶片与茎连接处的小芽。这些小芽生长后，最终会从叶鞘和茎之间伸出。偶尔种子处也可能长出额外的分蘖——这同样被称为分蘖，也应进行计数。1个分蘖记录为21，4个分蘖记录为24；多个生长过程在进行（例如叶子出现和分蘖形成），因此可能同时适用于多个生长得分记录，17（主茎上有7片叶子），24（4个分蘖）和31（可检测到1个节）。种子在完熟期变化快慢根据环境和气候而定，在炎热干燥的环境中，可能只相隔1~2 d，但在凉爽潮湿的环境中会相隔几周。

  通过使用十进制生长量表，可以准确评估作物的生长阶段，对燕麦采用适宜的栽培管理措施，以获得高产至关重要。根据观察生长阶段的记录，采用相应的管理措施，如肥料、除草剂、生长调节剂等的施用时间和量的使用。这种量表在欧洲的农业出版物和农药标签上已经被广泛使用，并且在澳大利亚也得到了澳大利亚杂草委员会的认可。总的来说，十进制生长量表提供了一个系统化和标准化的方法评估燕麦的生长阶段，有助于生产者和科研人员在统一的标准化下更易管理，使其做出更明智的管理决策（表3-5）。

表3-5 燕麦生长规律观察记录

生育期	特征	生育期	特征
0种子萌发（发芽）期—萌发	00-干种子 01-开始吸胀（吸水） 02-种子吸胀（吸水）达50% 03-吸胀完全（萌发、种子肿胀），吸水达100% 04-从颖果（种子）有产生根迹象 05-从颖果（种子）中产生胚根（根） 06- 07-胚芽鞘从种子中伸出（或萌出） 08- 09叶1片刚出现在胚芽鞘顶端	1苗期—幼苗生长	10-第1片叶穿过胚芽鞘（出苗） 11-第1片1片叶（超过一半可见）展开 12-第1片2片叶（超过一半可见）展开 13-第3片叶（超过一半可见）展开 14-第4片叶（超过一半可见）展开 15-第5片叶（超过一半可见）展开 16-第6片叶（超过一半可见）展开 17-第7片叶（超过一半可见）展开 18-第8片叶（超过一半可见）展开 19-第9片或9片以上叶展开
2分蘖期—分蘖	20-仅主茎 21-主茎和1个分蘖 22-主茎和2个分蘖 23-主茎和3个分蘖 24-主茎和4个分蘖 25-主茎和5个分蘖 26-主茎和6个分蘖 27-主茎和7个分蘖 28-主茎和8个分蘖 29-主茎和9个或更多分蘖	3拔节期—茎伸长	30-穗部1cm时（假茎直立） 31-第一个节点出现 32-第二个节点出现 33-第三个节点出现 34-第四个节点出现 35-第五个节点出现 36-第六个节点出现 37-旗叶初现，即旗叶刚刚可见 38-旗叶可见，未全部展开 39-旗叶片全部可见并展开

（续表）

生育期	特征	生育期	特征
4孕穗期—孕穗	40-旗叶鞘伸展	5抽穗期—抽穗	50-穗（花序）中第一个小穗刚刚可见
	41-旗叶叶鞘伸长（抽穗初期）		51-穗（花序）中第一个小穗抽出一半
	42-穗部基部～即包裹幼穗的叶鞘的穗苞）刚刚肿胀		52-穗（花序）1/4出现，即穗（花序）抽出25%
	43-穗苞刚刚明显鼓起（抽穗中期）		53-穗（花序）抽出37.5%
	44-旗叶叶鞘膨大一半多		54-穗（花序）一半出现，即穗（花序）抽出50%
	45-穗苞鼓起（抽穗后期）		55-穗（花序）抽出62.5%
	46-穗苞鼓起完成		56-穗（花序）3/4出现，即穗（花序）抽出75%
	47-旗叶鞘开裂（或展开）		57-穗（花序）抽出87.5%
	48-旗叶鞘完全开裂（或展开）		58-穗（花序）完全出现，抽出100%。即穗（花序）抽出完成
	49-第一个芒可见		59-
6开花期—开花	60-花期开始，个别开花	7乳熟期的发育—乳熟	70-
	61-10%开花		71-颖果（籽粒）水熟阶段（呈透明液体状）
	62-20%开花		72-
	63-30%开花		73-乳熟初期（液体呈乳白色偏浓）
	64-40%开花		74-
	65-花期中期，50%开花		75-乳熟中期（固体物质增多）
	66-60%开花		76-
	67-70%开花		77-乳熟后期（固体物质继续增多）
	68-80%开花		78-
	69-花期结束，100%开花		79-乳熟末期（半固态半液态）

（续表)

生育期	特征	生育期	特征
8 蜡熟期的发育—蜡熟	80-蜡熟极早早期（籽粒被压碎时固态且多条液态） 81-蜡熟极早期（籽粒被压碎时基本呈固态） 82- 83-蜡熟早期（籽粒变软且近乎干燥） 84- 85-蜡熟中期（软）（籽粒变硬，但用指甲按压不会留下明显的持久的凹痕） 86- 87-蜡熟后期（硬）（用指甲按压可留下较细的持久凹痕） 88- 89-	9 完熟期—完熟	90- 91-籽粒（颖果）坚硬（难以分开） 92-籽粒（颖果）坚硬（指甲掐不动，用拇指按压不会留下凹痕） 93-籽粒（颖果）在白天出现松脱（与穗轴连接松动） 94-过熟期（茎秆枯死且倒伏） 95-种子休眠 96-有活力的种子发芽率达50% 97-种子不休眠 98-诱导产生二次休眠 99-二次休眠解除

（基于Zadoks等（1974）开发的十进制代码系统）

3.3　燕麦不同生育期性状特征与观测

燕麦在形态上，不同的种及品种具有不同的性状特征，了解燕麦性状特征，对鉴定和进行种子资源评价具有很大的帮助。燕麦在不同的生育期，如营养生长期、抽穗和开花期、成熟期以及籽粒等存在着主要和次要的性状体现见附表2。

3.3.1　营养期（Vegetative stage）

营养期是从种子或种子萌发至花芽或幼穗开始分化前的根、茎、叶等营养器官的分化与形成的时期。其间植株接受一定的温、光条件诱导，才能通过发育，转入生殖生长。营养生长健壮，植株体内积累的养分多，生殖器官的生长发育才能更充分，产量更高。燕麦通常是营养生长期较长的晚熟品种，其产量亦较高。根据品种的特点，燕麦营养期一般需要2~3个月时间。体现营养生长期最主要的特征是燕麦的生长习性和叶片的特征。

3.3.1.1　主要性状

①生长习性（Growth habit）

燕麦在其营养生长早期，株丛呈现非常明显的不同状态，而成熟期不一定维持该状态。应通过观察叶片和分蘖的姿态来进行评估。主要分直立型（Erect）、中间型（Intermediate）、匍匐型（Prostrate）3种典型的类型，在直立型和中间型中可细分有半直立型（Semi-erect），中间型和匍匐型之间可细分有半匍匐型（Semi-prostrate）（图3-11）。直立型叶片通常全部上举，呈垂直或类似垂直状态，叶片和分蘖与地面呈90°或接近90°；匍匐型的是植株叶片和分蘖与地面平行，接近0°。中间型是介于两者之间，叶片和分蘖与地面成45°角，或类似角度。半直立型是叶片和分蘖与地面角度介于直立型与中间型之间；半匍匐型是叶片和分蘖与地面角度介于匍匐型与中间型之间（图3-11）。观测生长习性的最佳期为：植株主茎并具5个及5个以上分蘖枝条的分蘖时期。

图3-11 燕麦生长习性类型

有报道匍匐型生长习性通常与燕麦的抗寒性相关，早期直立的生长习性通常与春性燕麦相关（Coffman，1977）。在一定的温度和生长成熟期范围内，温度越低，生长习性越倾向于平伏或匍匐。这一点在半匍匐型的植株中尤为明显。匍匐型生长习性与晚熟之间也存在强烈的相关性，与其他类型相比，匍匐型通常不会对温度的升高作出迅速的反应。在冬性燕麦中，这一特性与耐低温能力相关联。从植株发育早期形成茎秆开始，直到抽穗，大多数冬性燕麦的茎秆都保持半匍匐状态，或者与土壤表面的夹角不超过45°。半匍匐型燕麦的茎秆与土壤表面的夹角会大于45°，而直立型燕麦的茎秆与土壤表面的夹角可能接近90°。在成熟时，所有茎秆都显得直立（图3-12）。但通过观察植株基部冠层可以发现，越匍匐茎秆在靠近土壤表面的地方会发生弯曲（Coffman，1977）。

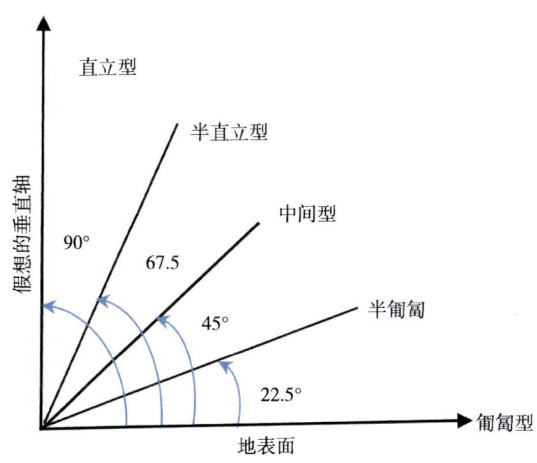

图3-12　燕麦生长习性各类型与地面夹角模式图

②叶部性状

叶片的性状包括其宽度、姿态、被毛情况，以及在某些品种中的颜色。宽度易受气候条件影响，因此在分类中往往价值不大。大多数品种的叶片宽度适中，对分类也没有价值，但极端情况在品种描述中却很有用，有些品种在任何条件下都具有极宽的叶片，而有些则无论环境条件如何叶片都异常狭窄。最有用的部位应该是位于顶部的"旗叶"，旗叶的直立和弯曲姿态在分类中有用，同时坚硬或直立的旗叶因为紧贴叶鞘增强了茎秆的强度，也提升了抗倒伏性，这在育种选育方向上很有用。燕麦的旗叶产生了开花后同化物的最大比例。倒数第二片叶在开花后的光合作用贡献上与旗叶一样有效。

a）叶边缘带毛（Leaf blade：hairiness of margins）：叶边缘是否具毛，是区别燕麦种或品种的特征之一。根据叶边缘带毛及带毛量的多少，可分为：无或极少量（Absent or very weak）、少量（Weak）、中等（Medium）、多（Strong）、极多（Very strong）5种情况（图3-13）。观察主茎及主分蘖株上最新全部展开的叶。记录带毛最多的叶片数量和所占比例。最适宜观测时期为植株具5个及5个以上分蘖至开花初期。

图3-13　营养期叶边缘是否带毛特征

b）叶长（Leaf blade length）：叶片的长度通常随着燕麦营养生长期季节的变化而变化，成株后，在任何特定的季节，每个品种都有属于自己相同的叶片大小类别，除非遇到极端的季节。我们把叶片长度划分成三类：短型<22 cm，中长型22~27 cm，长型>27 cm。测量方法是选择主茎株上最新全部展开的叶，从叶尖到叶鞘基部链接处的长度，一般资源评价测定至少5株，DUS测试要求测定10株，计算平均值。

c）叶宽（Leaf blade wideth）：叶片的宽度与长度类似，通常随着燕麦营养生长期季节的变化而变化，在生长季达最宽，我们把叶片宽度划分成三类：窄叶型<11 mm，中等宽叶型11~14 mm，宽叶型>14 mm（附图3）。测量主茎株上最新全部展开的叶，测定最宽处，通常叶片长度和宽度同时在同一叶片上测定，长宽对应一致。资源评价测定至少5株，DUS测试要求测定10株，计算平均值。

d）最下面叶叶鞘被毛性状（Lowest leaves: hairiness of sheaths）：燕麦营养期，其最下面叶的叶鞘带毛特征是区别品种的另一个特征，分三类（图3-14）：无毛或少毛（Absent or weak）、中等（Medium）、多（Strong）。观测最下面叶叶鞘被毛性状的最佳期为植株主茎并具5个及5个以上分蘖枝条的分蘖时期。

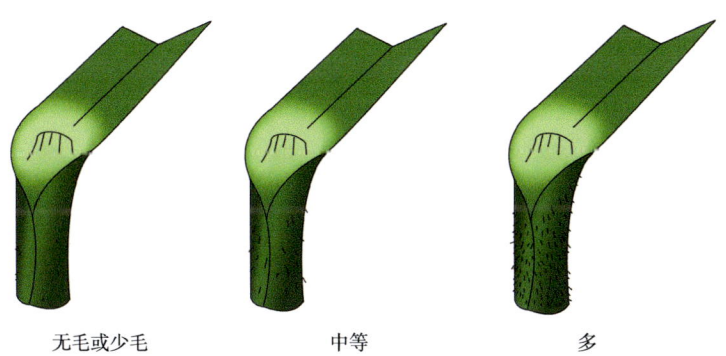

图3-14　营养期最下面的叶叶鞘带毛性状

3.3.1.2 次要性状

①叶片颜色（Foliage color）：在相同的环境条件，叶片颜色也可以区别一些燕麦品种。叶片颜色分为：淡绿色、深绿色、蓝绿色。个别燕麦品种叶子呈深绿色还带有一点蓝色，即蓝绿色，干旱时期更为明显。通常叶片颜色也随着肥料，尤其是氮肥的施用而有所变化，氮肥增加也加深了叶片的颜色。测定时采用反射光而不是透射光来判断叶的颜色。也就是说，应选择阳光明媚的天气，人要背对太阳观察叶片颜色。目前也通过采用叶绿素仪等仪器测定。

②株高（Plant height）：植株高度是一个高度可变的形态学特征，最多只能作为相对参考。株高受气候以及土壤肥力等的环境条件影响较大，尤其受日照时长（即光照期长度）的影响很大。日照时长对燕麦植株具有深远影响，特别是在拔节期，该时期过长的日照时长会降低植株高度；而缩短的日照时长则会增加植株高度。在某些地区，季节性光照高峰期时，清晨4:00左右即开始出现日光，并可能持续至21:00左右，每天光照时长可达17 h。在这些长日照条件下达到茎秆伸长最关键时期的燕麦品种，往往比那些更早或更晚进入这一关键发育阶段的品种要矮。但同样环境条件，燕麦不同品种其株高也有所不同，把此期株高划分三个类型：高型>30 cm，中高型20～30 cm，矮型<20 cm。此期通常株高越高的品种成熟的越早。资源评价测定至少5株，DUS测试要求测定10株，计算平均值。

③叶片下垂（Leaf blade droop）：这个特征很大程度上依赖于生长条件和生育期，但有的品种叶片始终都是垂直上举的，而有的品种叶子就非常松弛，严重下垂，有的品种中间的叶片上举，边缘叶片下弯，存在叶片上举和下弯的程度不同。典型的将其分直立（Straight）、下垂（Drooping）两种。

④分蘖（Tillering）：分蘖是燕麦在地面以下或近地面处所发生的分枝。早期生出的能抽穗结实的分蘖称为有效分蘖，晚期生出的不能抽穗或抽穗而不结实的称为无效分蘖。分蘖的多少影响草产量，有效分蘖对种子的产量有贡献。我们把每株分蘖数少于5个分蘖的为少（Light）、多于8个分蘖为多（Dense），观测最佳期为分蘖完成至拔节期，一般资源评价测定至少5株，DUS测试要求测定10株，计算平均值。

⑤叶量（Amount of foliag）：叶量分丰富和稀少两种。燕麦营养生长后期，尤其是开花至乳熟初期，叶量的多少直接影响燕麦的产量和品质。此特征是随生长季节而变化，适宜的季节利于分蘖和产生叶量。通常，株高较高的品种分蘖少叶量也少，划分为少叶量品种；而株高较低的品种分蘖多且叶量大，划分为多叶量品种。观测最佳期为分蘖期至拔节期末。

3.3.2　抽穗期和花期（Time of panicle emergence and Flowing stage）

抽穗期指燕麦茎秆顶端抽出燕麦穗的过程，标志着燕麦从营养生长转向生殖生长。当燕麦50%的穗上可见第一个小穗时（达到穗出芽时间），即为燕麦抽穗期（Time of panicle emergence）；花期指燕麦穗部小穗开花的过程，即指燕麦从始花到终花为止的时期，是授粉受精的关键时期。记录开花期是指50%的植株开花日期。抽穗期和花期是鉴定品种最有用的时期，尤其燕麦抽穗的时间是划分燕麦熟性（早熟、中熟、晚熟）重要的信息。

3.3.2.1　主要性状

①抽穗期（Time of panicle emergence）：不同品种在相同环境条件下具有各自的抽穗期，同一品种不同的环境条件下，抽穗

期也有所不同。根据抽穗期的早晚可分为极早（Very early）、早（Early）、中等（Medium）、晚（Late）、极晚（Very late）。观测群体具有50%植株抽穗时的日期为抽穗期。

②顶部叶舌高度（Top ligule height）：顶部叶舌高度是从植物基部（地面处的冠部）至旗叶叶舌的高度。即旗叶叶鞘与叶片相接处，测量此高度的意义是因为在茎快速伸长的这个阶段，由于穗茎秆的生长发育，其变化相对较大，所以测量至顶部叶舌高度比测量至穗顶部高度相对更稳定。将此高度划分为3类：矮（Short）<80 cm，中（Medium）（80~100 cm），高（Tall）>100 cm三类。一般资源评价测定至少5株，DUS测试要求测定10株，计算平均值。

③旗叶长（Flag leaf length）：旗叶是茎上最上面的叶片，也是最后出现的叶片，又称剑叶。其长度分为短（<20 cm）、中（20~25 cm）、长（>25 cm）。测量是从叶尖至旗叶叶鞘的基部连接处。最佳测量时期为开花开始至乳熟中期。测定最少5株，DUS测试要求测定10株，计算平均值。

④旗叶宽（Flag leaf wide）：将叶片宽度分为窄（<15 mm）、中（15~20 mm）、宽（>20 mm）。

测量旗叶长宽应同一片叶子相对应。测量最宽处，一般资源评价测定至少5株，DUS测试要求测定10株，计算平均值。最佳测量时期为开花开始至乳熟中期。

⑤茎粗（Stem diameter）：测定主茎穗下茎的直径，一般资源评价测定至少5株，DUS测试要求测定10株，计算平均值。最佳测量时期为开花开始至乳熟中期。

⑥旗叶下弯比率（Frequency of plants with recurved flag leaves）：有的品种旗叶有下弯现象，如：原产地晋临县的一种小莜麦（*Avena nuda* L.）（裸燕麦）旗叶叶相为下披，将植株旗叶下弯（反曲）的

频率分为以下5个等级。

Ⅰ缺失或极低：所有或几乎所有植株的旗叶均为直线形（非下弯）

Ⅱ低：约1/4的植株旗叶下弯

Ⅲ中等：约1/2的植株旗叶下弯

Ⅳ高：约3/4的植株旗叶下弯

Ⅴ极高：几乎所有或所有植株旗叶均为下弯

观测最佳时期为旗叶叶鞘张开至花序具5%~6%的小穗可见。

⑦旗叶叶相（The orientation of the flag leaf）：分下披型（Drooping）、平展型（Horizontal）、上举型（Erect）三种典型类型，也有的介于平展型和上举型中间类型，见附图7。下披型旗叶与穗下节间夹角为钝角，叶片自然下垂；平展型叶片保持水平展开状态，叶角接近90°，可最大化接受直射光，提高光能截获量。上举型旗叶与穗下节间夹角为锐角，叶片直立向上。这种结构有利于田间通风透光，减少病虫害发生。观测最佳时期为开花时期至乳熟末期。

⑧花序（穗）颜色（Panicle color）：花序颜色是区别花期不同品种很好的指标。花序的颜色呈多种，可分为淡绿、中绿、深绿、黄绿和蓝绿。测定时用反射光而不是透射光来判断其颜色，应选择在阳光明媚的天气，背对太阳观测。带有蓝色的穗特别明显。最佳观测期是开花初期至开花结束期。

⑨最上茎节被毛性状（Stem hairiness of uppermost node）：图3-1中的标注"4"，可以看到最上茎节分布的位置，最上茎节分布毛的特征是区别品种一个特征，在一些品种中旗叶叶鞘基部具茸毛，一些品种在最上茎节处的上下具茸毛，有的毛分布在下面，有的分布在上面，也有上下都有分布，根据分布的量多少分为5类：无毛或极少、少、中等、多、极多（图3-15，附图1）。观测最佳时期是开花开始至开花结束期。

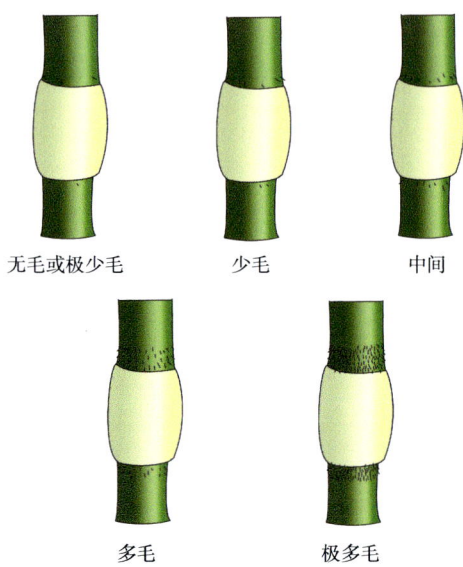

图3-15 花期最上茎节毛分布特征

3.3.2.2 次要性状

①叶下垂（Leaf droop）：此期叶片有的品种直立，有的严重下垂，有的轻轻下垂，叶片下垂程度和种及品种有关。观察时期为开花开始至开花期结束期。

②叶量（Amount of foliage）：根据叶分布多少，将其分为稀少（Sparse）和丰富（Abundant）2类。一般株高高的品种分蘖少，叶量也相对少；植株矮的品种分蘖多，叶量也相对多。观察时期为开花开始至开花期结束期。

③旗叶叶鞘灰白色蜡粉强度（Glaucosity of sheath of flag leaf）：旗叶表面存在一层灰白色或蓝白色的蜡质或粉状覆盖物，根据覆盖蜡粉强度将其分无或弱、中、强三个级别。观察时期为开花开始至开花期结束期。

④颖片灰白色蜡粉强度（Glaucosity of glume）：颖片表面存在一层灰白色或蓝白色蜡质或粉状覆盖物，根据覆盖蜡粉强度多少分无或极弱、弱、中、强、极强。观测最佳时期是植株有50%开花期至开花结束期。

⑤茎节数（Numbers of stem node）：茎节数反映燕麦的生长发育阶段和抗逆境能力，是品种选育和栽培管理的重要参考指标。将茎节数多少分为：少<4个，中等4~6个，多>6个。统计主茎茎节数量，一般资源评价测定至少5株，DUS测试要求测定10株，计算平均值。观测最佳时期是抽穗初期至开花结束期。

3.3.3 成熟期（Maturity stage）

成熟期指从燕麦灌浆结束到籽粒完全成熟并具备收获条件的时间段，是燕麦生长周期的后期。判断是否进入成熟期，可观察籽粒颜色：由绿转黄，蜡熟期呈蜡质光泽。指甲挤压法：蜡熟期籽粒硬实，指甲难以压出痕迹。茎秆状态：茎秆基部变黄，易折断。

3.3.3.1 主要性状

①株高（Plant height）：从地面基部到穗顶端的高度。划分为：低<110 cm、中（110~130 cm）、高>130 cm。一般资源评价测定至少5株，DUS测试要求测定10株，计算平均值。测定最佳时期为蜡熟开始至蜡熟中期。

②茎秆强度（Straw strength）：茎秆强度还受环境及种植条件的影响，如氮肥施用量和比例会影响燕麦的倒伏指数、倒伏相关形态性状和基部节间物理强度。燕麦茎秆强度可能因土壤条件、水分供应及光照等因素而异。将其划分为：弱、中、强。测定最佳时期为种子乳熟期至蜡熟中期。

③茎：最上茎节茸毛（Stem：hairiness of uppermost node）：

成熟期最上茎节上毛的有无及分布可以用于鉴定一些品种。有的上下均无或极少，有的上分布毛，而有的下分布毛。将其划分为：无或弱（Absent or very weak）、弱（Weak）、中（Medium）、强（Strong）、极强（Very strong）。观测最佳时期是开花初期至开花结束期。

④穗长（Panicle length）：穗部（花序）从基部到顶端的直线距离。将其分为短、中等、长3种，或划分为很短、短、中等、长、很长5种。测定是从穗最低节点至穗顶端绝对长度，至少测定5株，测定最佳时期为蜡熟开始至蜡熟中期。

⑤生育期（Growing period）：指燕麦整个生长周期，从燕麦出苗到种子成熟的天数。观测时间是种子处于完熟结束，统计从播种至完熟结束所需要的时间。在我国北方（内蒙古、河北坝上等地区）根据生育期的天数通常将燕麦分为如下：

Ⅰ极早熟型：生育期≤75 d。

Ⅱ早熟型：生育期76～85 d。

Ⅲ中熟型：生育期86～100 d。

Ⅳ晚熟型：生育期101～125 d。

Ⅴ极晚熟型：生育期≥126 d

3.3.3.2 次要性状

①秸秆质地（Straw texture）：秸秆的质地受多种解剖学和环境因素的影响，包括蜡被（表皮蜡质）、二氧化硅含量、细胞壁组成以及收获后处理方式等。通常用秆的粗细即直径表示，将其分细和粗两种。测量穗下茎秆的粗细即直径。目前可以应用仪器测定一些其他与质地相关的指标。

②落粒性（Shattering）：分为不落粒、中等落粒和易落粒3个级别。观测最佳时期是完熟期。

3.3.4 穗部性状（Panicle characters）

观察穗部特征是在花期和成熟期，最好时期是在花期，成熟期也非常有用。

3.3.4.1 主要性状（Main characters）

（1）穗性状（Panicle characters）

①穗形（Panicle shape）：花序（穗）的整体形态，也就是外形，典型可以分为单侧型、中间型和周散型三种类型（图3-16），可以细分为侧散、侧紧、中间、周散、周紧。单侧型指所有小穗仅着生于穗轴的一侧，而非两侧对称排列，根据排列的紧密程度分为单侧松散型（侧散）、单侧紧密型（侧紧），周散型指所有小穗沿穗轴的周缘分散分布，而非集中于穗轴的一侧或特定区域。根据排列的紧密程度，可分为周松散型（周散）和周紧密型（周紧）（附图6）。周紧和侧紧型品种的穗节间短、枝梗短，而周散和侧散型品种的穗节间长、枝梗长。中间型是介于单侧型与周散型之间类型，小穗既有着生于穗轴的一侧，也有少部分沿穗轴的周缘分散分布的小穗。观测穗形的最佳时期为处于种子发育的水熟期至乳熟中期。

单侧型　　　　中间型　　　　周散型

图3-16　穗形

②穗（花序）分枝姿态（Panicle：attitude of branches）：穗（花序）分枝姿态主要是指花序（穗）中整体分枝小穗伸展的姿态，将其分为直立、半直立、水平、下垂、强烈下垂5种（图3-17，附图5）。观测穗（花序）分枝姿态最佳时期为处于种子发育的水熟期至乳熟中期。

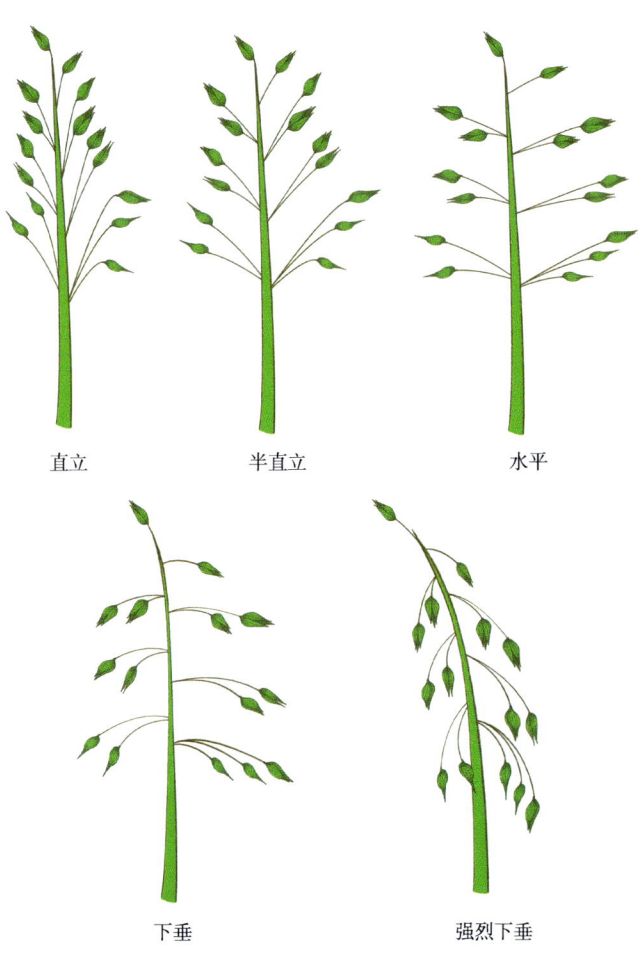

图3-17　穗（花序）分枝姿态

（2）小穗性状（Spikelet characters）

①小穗形：指小穗中包含种子形成的形状，将其分为Ⅰ型、Ⅱ型、Ⅲ型三种类型，也有将其分为典型的串铃、纺锤两种类型（图3-18，附图12）。Ⅰ型通常指包含2~3粒种子，Ⅰ型的形状类似纺锤型。Ⅱ型：为4~5粒种子，Ⅲ型为5粒种子以上。Ⅱ型、Ⅲ型的形状类似一串铃，所以属于串铃型。

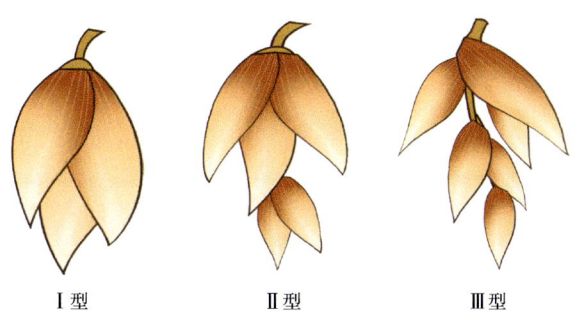

Ⅰ型　　　　Ⅱ型　　　　Ⅲ型

图3-18　小穗形

（Ⅰ为纺锤型，Ⅱ和Ⅲ为串铃型）

②小穗着生姿态：指小穗在穗轴上的排列方式和生长状态。将其分为下垂型、直立型两种类型（图3-19，附图9）。

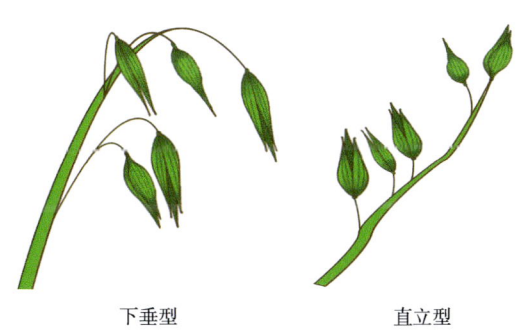

下垂型　　　　直立型

图3-19　小穗着生姿态

③小穗基部性状（Basal characters of spikelet）：

a）初生粒基部茸毛数量（Basal-hair number）：在仔细去除小穗上的颖片之后，这些毛状物能看得最清楚。小穗基部有茸毛以及具茸毛的数量多少的特征在燕麦花期和成熟期是鉴定燕麦品种有用的特征。根据茸毛的多少可以区别一些品种。可以分为：无茸毛或极少、少量（稀少的茸毛分布在基部两边）、多（每一侧均分布有一簇茸毛）（图3-20，附图10）。测定最佳时期为蜡熟开始至种子坚硬期。

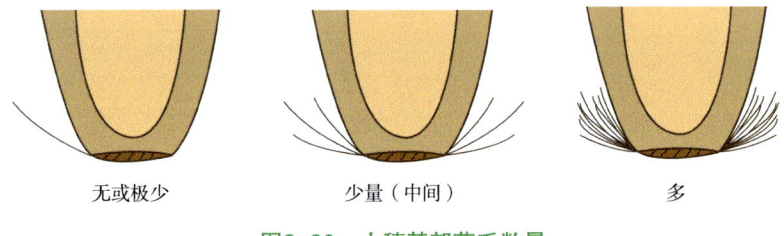

图3-20　小穗基部茸毛数量

b）初生粒基部茸毛的长度（Basal-hair length）（图3-21）：小穗基部毛的长度也可以区别一些品种，但不适宜没有毛的品种。分为短、中等长、长三种。测定最佳时期为蜡熟开始至种子坚硬期。

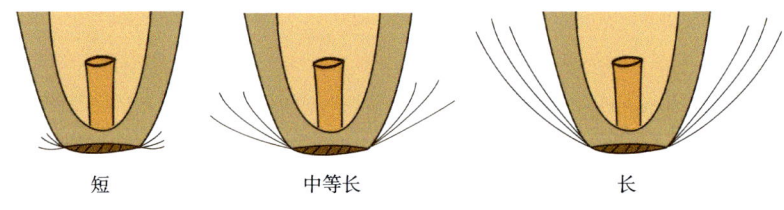

图3-21　小穗基部茸毛长度

（3）芒出现比率（Frequency of awns）

燕麦芒的有无，即存在与否及出现比率是不同品种的特征之一。统计小穗中带芒种子出现比率，至少统计5株穗，计算平均数。测定该性状最佳时期为蜡熟开始至种子完熟（种子坚硬）期。将其分为4个级别。

Ⅰ无：几乎所有小穗上均无芒的发现；

Ⅱ偶尔：在许多花序上仅上面的小穗偶尔发现有芒；

Ⅲ每小穗一个：在第一个或最初小花上有芒；

Ⅳ每小穗2个：在第一和第二小花上均有芒。

（4）颖片长和宽（Glume length and width）

颖片长宽也是一些燕麦品种的区别特征。颖片的长度划分短<20 mm、中等（20~25 mm）、长>25 mm；国际上将其分为很短、短、中等、长、很长5个级别。颖片长度测量数量应至少测定5个花序中每一个颖片。颖片的宽度划分为窄<7 mm、中等（7~8 mm）、宽>8 mm。测定长度的时候同时测定宽度。最佳观测时期为处于种子发育的水熟期至乳熟中期。

3.3.4.2　次要性状

①芒曲度和颜色（Awn type and color）：多数的燕麦栽培品种带芒少，芒纤细、色浅、通常是直的，但一些品种带芒多，芒的颜色深（如褐色、黑色等），有的芒还弯曲或扭曲。根据芒曲度划分为：弱、中等、强（图3-22，附图11）。此性状最佳观测时期为处于种子蜡熟中期至完熟期。

②花序（穗）分枝长度（Branch length）：花序（穗）从穗轴基部开始起至分枝穗尖最长距离，测定分枝中最长分枝的长度。一般资源评价测定至少5株，DUS测试要求测定10株，计算平均值。观测最佳时期为处于种子发育的乳熟开始至完熟期。

③种子外稃的灰白蜡粉强度（Primary grain：glaucosity of lemma）：观测初生粒种子外稃，观测结果应反映蜡质（白霜状物质）的强度和范围（或面积）。分5个级别：

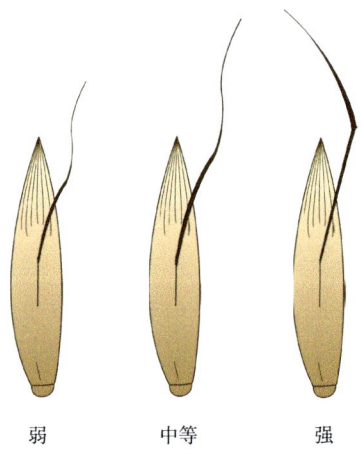

弱　　　中等　　　强

图3-22　芒曲度

Ⅰ缺失或非常弱（Absent or Very Weak）：该特性几乎不可见或极其微弱，几乎无法察觉。

Ⅱ弱（Weak）：该特性可见，但相对较弱，不够明显。

Ⅲ中等（Medium）：该特性具有一定的可见度，既不过强也不过弱，处于中等水平。

Ⅳ强（Strong）：该特性明显可见，具有较强的表现力。

Ⅴ非常强（Very Strong）：该特性极其明显，表现力非常强。

观测最佳时期为处于种子发育的水熟期至乳熟中期。

④穗轴长度（Rachis length）：轴长度也是区别一些品种的特征之一，根据穗轴的长度来估算整个穗的长度。测量主茎花序上从穗的最下面第一个分枝节点至顶部绝对高度。将其分为长、中等和短3个级别。最佳观测时期为种子处于水熟至完熟期。

3.3.5　籽实（种子）性状（Grain characters）

皮燕麦的籽实（种子）内外稃不会轻易脱落（图3-23b），还连在一起,而裸燕麦很容脱落,籽粒没有内外稃。燕麦种子在收获和加工之前,很多特征是保留着,但收获加工过程中及加工后,很多特征就会损失掉,如芒、基部茸毛等。但种子脱落后仍存留一些,如种子基部的小穗轴、基部疤痕等,其状态等可以区别一些品种。皮燕麦小穗中通常含有2~3粒种子,也有的第三粒种子不发育,在观测小穗里种子的性状特征的时候,通常选择初生粒作为测量(观测)的对象,也就是第一粒种子,而不是选择次生粒(第二种子)或三生粒(第三粒种子)(图3-23a)。

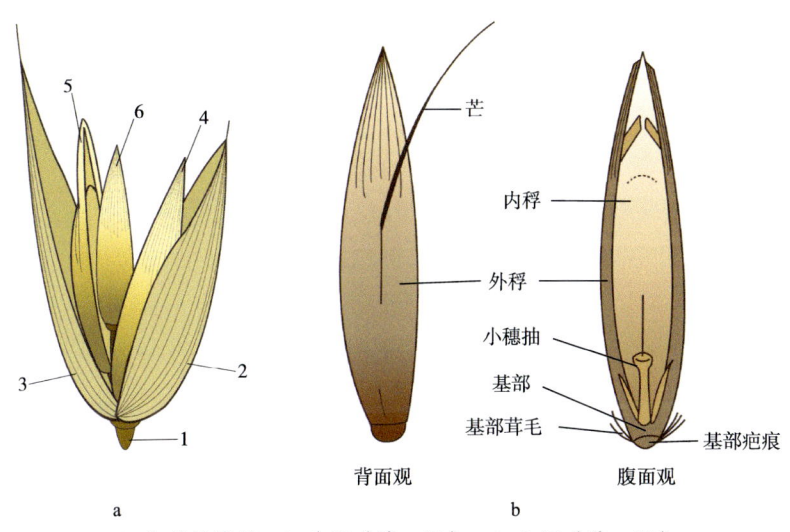

a:1. 小穗轴节间,2. 外颖(第一颖),3. 内颖(第二颖),
4. 初生粒,5. 次生粒,6. 三生粒;b: 皮燕麦种子结构图

图3-23 燕麦小穗(小花)及种子结构图

3.3.5.1 主要性状

①皮裸性(Grain:husk):分带稃壳(皮)和无稃壳(裸)两种(图3-24)。测定最佳时期为蜡熟开始至种子完熟(坚硬手指

不动）期。

图3-24　皮裸性（皮，裸）

②外稃颜色（Lemma color）（图3-25）：检查整批谷物的颜色，但要主要关注谷粒的背面。外稃有黑、褐、黄、白明显区别的颜色，也有中间色，如黄褐、灰褐、黄白、白黄等颜色。观测外稃颜色最佳时期为种子完熟（坚硬手掐不动）时期。我国主栽培品种燕麦种子外稃颜色以黄色为主，其他色的少些。

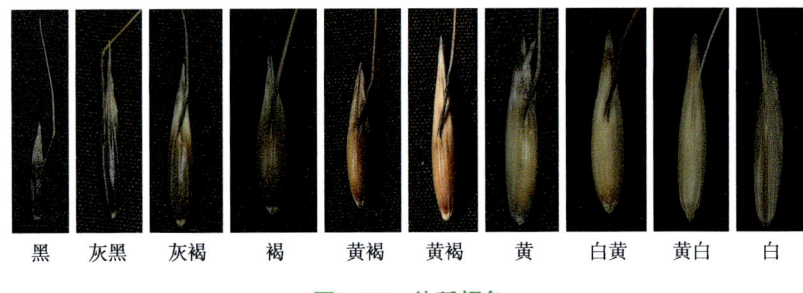

图3-25　外稃颜色

③内稃颜色（Palea color）：内稃颜色有白、褐、褐黄、黑、黄、浅黑、浅黄等。观测内稃颜色最佳时期为种子完熟（坚硬手掐

不动）时期。

④种子大小（Grain size：length and width）（带稃壳的种子）：种子的长与宽。将其分为短<14 mm、中（14～18 mm）、长>18 mm 3个级别，测量典型种子的整个长度，包括尾部（外稃的尖端）。宽度分为窄<3 mm、中等（3～3.33 mm）、宽>3.33 mm 3个级别，测量最宽处。

⑤粒型（去稃壳的种子）（Groat type）：即籽粒形状：籽粒形状有长筒、长圆、纺锤、椭圆、卵形、披针、披纺、披纺等。观测最佳时期为种子完熟（坚硬手掐不动）时期。

⑥籽粒（去稃壳的种子）长度（Groat length）：将籽粒（去壳种子）长度分为：短<9 mm、中等（9～11 mm）、长>11 mm，观测最佳时期为种子完熟（坚硬手掐不动）时期。

⑦粒色（Grain colour）（去稃壳的种子）：即籽粒的颜色：奶油色、黄色、浅褐色、中褐色、深褐色、黑色、白色、红色等。

⑧小穗轴长度（Primary grain：length of rachilla）：燕麦种子正常脱离后，种子从小穗上分离下来，连接种子与穗轴的关键结构的小穗轴，在种子内稃腹面基底仍有存留部分，其长短也是品种鉴定的一个器官。将其长度分为短<1.5 mm、中（1.5～2.5 mm）、长>2.5 mm（图3-26，附图13）。观测最佳时期为种子坚硬即完熟时期。

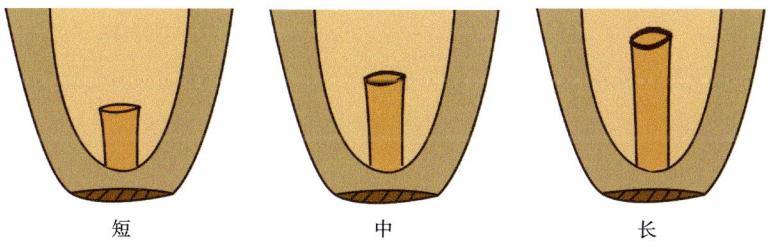

图3-26 小穗轴长度

⑨基部疤痕（Basal scar）：燕麦籽粒基部的疤痕是种子从植株的穗轴（花序中的小穗轴）上脱落时留下的独特印记。在植物学和考古学领域，这一疤痕是识别谷物籽粒的重要特征。燕麦初生粒基部疤痕为一些品种鉴定提供依据，将基底疤痕分为斜形（Oblique）：有明显的基部疤痕；中间形（Intermediate）：基部疤痕不明显；直形（Straight）：缺失或没有基部疤痕（图3-27）；斜形的基底疤痕，在当籽粒腹面在上时，基底疤痕的断裂区域从上方很容易看到，而对于直形的基底疤痕，从上方几乎看不到断裂区域。此特征观测最佳时期为种子坚硬即完熟时期。基部疤痕明显的种是野燕麦（*A. fatua*），大多数燕麦（*A. sativa*）基部疤痕为直形或中间形。

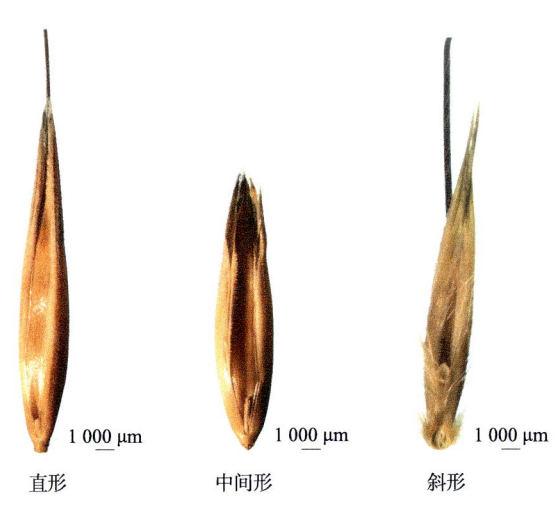

图3-27 燕麦籽粒的基部疤痕

⑩千粒重（Thousand seed weight，TSW）：千粒种子的重量（单位：g），是衡量种子质量的关键指标，反映种子大小、饱满度和活力。高千粒重通常意味着更高的产量潜力。国家标准和国际

标准中千粒重测定方法是应用净度分析的全试样重量进行数粒，然后换算成千粒重，燕麦净度分析全试样重量要求不低于120 g，即用数粒仪测定不低于120 g燕麦种子的粒数，再换算成千粒重。

⑪容重（Bulk density/ volume weight）：指单位体积内种子的绝对重量，单位为克/升（g/L）。容重与籽粒饱满度、结构紧密程度等密切相关，通常容重越大，品质越好。

3.3.5.2 次要性状

①初生粒外稃背面茸毛（图3-28）：仅外稃颜色为褐色或黑色的品种，测定最佳时期为蜡熟开始至种子坚硬期。

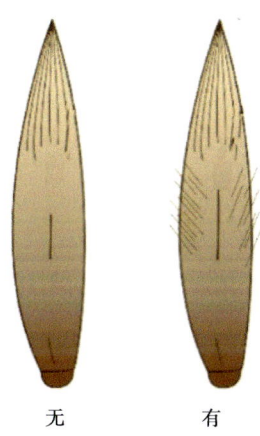

无　　　　有

图3-28　稃背面茸毛

②初生粒外稃长度（Primary grain：length of lemma）：将初生粒外稃长度分为很短、短、中、长、很长5个级别。观测最佳时期为种子坚硬即完熟时期。

3.3.6　燕麦季节类型（Seasonal type）

分冬季型（Winter type）、春季型（Spring type）及中间型

（Alternative type），春季型燕麦也叫春燕麦，适应高寒、冷凉地区（如黑龙江、青海、内蒙古等地），耐寒性强（幼苗耐-2℃低温），抗倒伏。冬季型燕麦也叫冬燕麦，适合冬季温暖地区（如南方），耐低温能力较弱（幼苗耐2~3℃低温），需冬季无严寒。春燕麦春季播种，生长期相对短而冬燕麦在秋季播种，生长期比春燕麦相对长。介于两者之间为中间类型。

3.4　燕麦优质高产生产的影响因素

生产高产优质燕麦涉及众多生物因素、管理策略和气候条件之间的相互作用。生物因素包括抗病性、抗倒伏性（茎秆强度）、叶面积、光合能力、源库关系和矿物质吸收等，这些条件都由所种植的品种所控制。良好的管理措施包括使用高质量的种子，采用合理的密度（推荐的播种率），适量适时的肥料使用，并在必要时通过除草剂或杀虫剂进行杂草和害虫的防治。要获得高产优质的燕麦，就像完成一项复杂的任务，它涉及生产者可以控制的因素，如品种选择和管理措施，以及有限的控制因素，如气候和土壤类型。

3.4.1　气候条件

气候因素是影响燕麦生产和产量最重要的因素，其中温度和湿度是最重要的。潮湿凉爽的气候最适宜燕麦生长。燕麦产生给定单位干物质需要比除水稻以外任何其他谷物更多的水分。因此，燕麦更容易受到炎热干燥天气的伤害，尤其是在灌浆期。海洋性气候也有助于气温温和，从而实现燕麦高产量。高产燕麦也种植在南美洲、澳大利亚和新西兰，但这些国家的产量只占世界产量的一小部分。燕麦植株在幼苗和分蘖阶段可以忍受相当的寒冷。耐寒的品种可以在-5℃下存活下来。当燕麦生长在高海拔或高纬度地区时，燕麦在生理成熟之前的成株期比在生长早期更易受到秋季霜冻的伤害。抗霜冻能力方面与大麦和小麦相比，燕麦的抗霜冻能力比大麦高出约2℃，而大麦又比小麦高出2℃。

3.4.2　土壤类型和条件

燕麦是适宜土壤类型最广泛的作物之一，能生长在多种土壤上。如果温度和湿度条件适宜，几乎任何相当肥沃、排水良好的土壤都适合种植燕麦。在中等肥力和排水条件下，燕麦比小麦和大麦更耐较细的土壤质地，比大麦更耐潮湿土壤。通常燕麦耐受酸碱性在pH 4.5~8.5范围的土壤，最适pH 6.0~7.0范围，比小麦和大麦承受pH值范围更宽。燕麦对养分（N、P和K）的需求低于小麦或玉米，并且可以根据所寻求的产量水平进行调整。燕麦的耐盐性明显低于大麦，略低于小麦或黑麦，但略高于高粱。在无盐条件下，燕麦对钠的耐受性中等（与水稻相似），但不如小麦或大麦（Welch，1995）。

3.4.3　播种日期与播种密度

气候条件决定燕麦最佳播种期，主要受温度、降水模式和霜冻日期影响。燕麦最佳生长温度15~25℃，最佳土壤温度10~30℃，此温度范围可快速使燕麦发芽与定植，需要牢记一点，燕麦可耐受轻度霜冻，但了解春季最后霜冻日期有助于避免燕麦苗遭受潜在霜冻损害，过早种植可能使幼苗受晚霜伤害；温度过低种植，种子发芽延迟，也影响整体生长。播种日期要考虑水分，如何有效利用水分，在适宜的温度下播种，使燕麦种及其品种发挥其最大的生产潜能。燕麦生长季通常每周需要25~50 mm的水，才能高产。春季干旱没有灌溉的地区，应尽量在雨季来临前的月份播种，如内蒙古乌兰察布、河北张家口察北以及坝上地区，收获籽实应尽量在5月15—25日，即小满前后播种，播种太早容易赶上霜冻，干旱雨水少，产量不高。如果收获草，没有灌溉雨养条件下，只收一茬，可以选择晚播一些，6月初播种，在分蘖拔节期雨季到来，增加产量；如果收获两茬，应尽早播种。在河北中部、山东和北京地区，由于温度会比坝上偏高，尽量早种，在2月底至3月初即可播种，宁夏平罗地区，土壤墒情好通常3月初可以播种，如果墒情不好，根据黄河水灌溉期即将来临前及时播种。避免播种晚了，由于温度升高快，燕麦茎秆易倒伏，或干旱和炎热限制燕麦生长高度，提早抽穗，致使草产量下降。有灌溉条件地方根据温度（有效积温），需要尽早播种，能使燕麦生长周期延长，草产量提升，茎秆由于生长期长，抗倒伏性也会提升。所以掌握适当的播种期对产量的影响是非常重要的。

除了播种日期之外，种植密度也是影响产量的一个因素，最佳种植密度能够影响燕麦冠层大小和持续时间的首个关键节点。尽管最佳种植密度会随生长季降水量的变化而变化，但确定一个特定的种植密度目标仍十分重要。一般来说，较高的种植密度会使燕麦在生长季前期就形成较大的冠层，这通常会导致整个生长季的冠层都比较大。在高降水量地区，对于晚播燕麦而言，较高的种植密度是有益的，因为稀疏的作物可能会浪费阳光。然而，对于早播燕麦而言，过厚的冠层会增加患病和倒伏的风险，从而导致草产量降低或籽实收获目的的种子品质不佳。但对于在降水量较低而无灌溉条件的地区，高密度种植会使植株之间由于水分和养分的竞争而降低植株高度、茎秆直径等等指标，最终导致草产量和籽实产量下降。在雨养（无灌溉）地区，根据降水量和水分供应情况，采用适当的播种密度，才能最大限度地获得相应的产量和质量（表3-6）。

通常早熟品种需密植（300万~350万株/hm²）以增加群体产量。晚熟品种需稀植（200万~250万株/hm²）以保障个体发育，降低倒伏风险。

燕麦具有通过增加分蘖数和每穗发育出更多籽粒来弥补植株数量不足的潜力。计算播种量要了解希望建植的种植密度（株/亩）、种子的千粒重（g）、种子的发芽率和预期的出苗率——由苗床条件和种子质量决定。

表3-6 根据种植地区降水量调节播种密度

平均降水量（mm）	250~350	350~450	450~550
收获籽实：播种密度（株/亩）	20 000~100 000	100 000~120 000	120 000~140 000
收获鲜干草：播种密度（株/亩）	100 000~120 000	120 000~150 000	150 000~200 000

$$播种量（kg/亩）= \frac{目标种植密度（株/亩）\times 千粒重（g）}{种子发芽率\% \times 种子净度\% \times 100}$$

播种量计算示例：目标种植密度20万株/亩，种子千粒重为40 g，净度为98%，发芽率96%，播种量计算为：

$$播种量（kg/亩）= \frac{200\ 000 \times 40}{98 \times 96 \times 100} = 8.5\ kg/亩$$

3.4.4 干草收获时期与质量要求

国外大多数生产加工企业推荐的收割干草的最佳时间是在乳熟期［籽粒水熟阶段（呈透明液体状）即表3-5（P62）中的71阶段］或更早。在这一阶段，当挤压顶部的小花时，会出现清澈的水状液体。试验表明，从这一阶段开始，干草的质量会迅速下降，而产量则会增加。如果液体呈白色，那么最佳收割阶段已经过去。

然而，如果预报有显著的降雨事件（12 mm或以上），则应考虑推迟收割。干草的质量在收割后到打捆前这段时间内最容易受到降雨事件的影响，这会导致干草的颜色和营养价值流失。

燕麦质量相关标准没有统一规定，表3-7是西澳大利亚州不同等级出口燕麦干草的目标质量标准值。干草中不应含有的杂质或异物，如包括泥土、石块、树枝、昆虫、羊毛、金属丝以及动物尸体等，其最大允许值应根据相关标准或合同要求来确定；干草中不得含有有毒植物，阔叶杂草植物的含量不得超过1%，其他谷物、黑麦草或野燕麦的含量不得超过5%。病害相关指标与化学残留，干草中理想的硝酸盐水平应低于500 mg/kg。在较少见的情况下，燕麦植株与其他谷物一样，可能会积累远高于此水平的硝酸盐，并在干草制作过程中得以保留。在这种情况下，干草可能具有毒性，如果干草被雨水打湿，其毒性潜力还可能增强。干草的质量评价更侧重于营养价值，特别是粗蛋白和代谢能（每千克干物质中的能量含量）。粗蛋白的理想含量应大于8%，代谢能应大于9.0 MJ/kg干物质。

表3-7 西澳大利亚州不同等级出口燕麦干草的目标质量标准值

特征指标	优质一级	优质二级	一级	二级
干物质中酸性洗涤纤维百分比（%）	≥30~34	≥32~35	≥36~38	≥37~40
干物质中中性洗涤纤维百分比（%）	≤55	≤55~59	≤57~60	≤60~64
干物质中水溶性碳水化合物百分比（%）	≥18~25	≥14~23	≥10~18	≥6~18
茎秆厚度（mm）	≤6~12	≤8~12	≤9~12	≤10~12
可消化干物质百分比（%）	≥58~60	≥57~58	≥56~58	≥53~57
水分百分比（%）	≤12~14	≤12~14	≤12~14	≤12~14

第4章

燕麦资源评价

4.1 评价目的

燕麦种质资源评价的核心目的是系统鉴定、分析和挖掘种质资源的潜在价值，为农业、林业、畜牧业和生态保护及生物技术应用提供科学依据。

4.1.1 明确种质资源的遗传多样性

明确燕麦种质资源的遗传背景和变异范围，避免由于遗传基础狭窄导致的育种瓶颈。主要构建燕麦核心种质库，优化燕麦资源保存策略。同时也为燕麦杂交育种选择亲本提供遗传差异参考。

4.1.2 筛选具有优良性状的种质材料

识别和筛选出具有高产、优质、抗逆（如抗病、抗虫、抗旱）等燕麦优良性状的种质资源。为燕麦育种工作提供亲本材料，加速优良品种的培育和推广。

4.1.3 发掘稀有或特异基因

定位控制燕麦重要性状的功能基因或等位变异，推动分子设计育种。通过评价，发现种质资源中潜在的优良基因或基因组合，尤其是发掘稀有或特异基因，为推动种质资源的创新利用，提高育种效率和精准度，为分子育种、基因编辑等生物技术提供材料，为燕麦种质资源的创新利用提供基础。

4.1.4 支持生态适应性与可持续利用

了解燕麦种质资源在不同生态环境下的适应能力，包括对土壤、气候、病虫害等的耐受性。为种质资源的合理布局和利用提供科学依据，确保燕麦资源在不同地区的可持续利用。

4.1.5 保护濒危与珍稀资源

通过科学评价确定燕麦资源的濒危等级和优先保护顺序。结合遗传独特性（如单倍型频率）和生态稀缺性制定保护计划。对野生近缘种进行原位（自然保护区）或异位（种质库）保护。

4.1.6 促进资源共享与国际合作

通过标准化评价数据，实现全球燕麦种质资源的高效交换与利用。遵循《国际条约》使用多边系统共享评价信息。利用国家或国际数据库发布资源评价结果。

4.1.7 支撑知识产权保护与政策制定

为燕麦种质资源的专利申报、品种权保护提供科学证据。如通过DUS测试（特异性、一致性、稳定性）鉴定新品种等。

种质资源评价的核心目的是"保护、利用和创新"，即科学分析将潜在遗传价值转化为实际应用价值，通过科学的评价方法，确保种质资源的遗传多样性得到保护，优良性状得到利用，同时为未来的育种和生物技术创新提供基础。终极目标是应对粮食安全、环境变化和生物技术创新的挑战,对于保障粮食安全、促进农业可持续发展具有重要意义。

4.2 评价方法

燕麦种质资源评价的方法,按评价维度分类包括表型评价、细胞学与生理生化评价、分子遗传学评价、表型组学、经济与生态价值评价。按技术层级分类包括传统方法、现代生物技术、生物信息学与大数据分析等。

4.2.1 表型性状评价

观测燕麦形态学以及对其农艺性状、抗逆性(抗病虫,抗旱、抗寒、耐盐碱、抗倒伏等)和适应性进行评价。

4.2.1.1 植物形态学

通过目测和测量燕麦株高、叶型(状态、叶长、叶宽)、穗型、粒型、种子大小等植物形态特征,描述植株的形态特征,这种方法直观、简便,但受环境因素影响较大。

4.2.1.2 农艺性状评价

主要观测燕麦的生育期特性、产量构成因素(如有效分蘖、穗数、穗粒数、千粒重、单株产量等)和品质性状(营养成分:蛋白质含量、β-葡聚糖含量、淀粉特性、微量元素等;加工品质:评估燕麦片的色泽、口感、膨胀度等,判断其加工适用性)。

4.2.1.3 抗逆性评价

评价燕麦的抗逆性,主要是抗旱、抗寒、耐盐碱、抗病虫害等生物胁迫和非生物胁迫。筛选出抗逆强和抗倒伏优质种质资源,为育种亲本选配提供种质。

在评价抗逆性同时往往结合生理指标的测定与分析，如光合作用速率、呼吸速率、酶活性等，通过生理特性评估更准确地反映品种的抗逆性。

4.2.2 细胞学和分子遗传学评价

4.2.2.1 细胞学评价

细胞学评价主要基于染色体分析、减数分裂行为观察、基因组大小与DNA含量、细胞器基因组分析等。

（1）染色体分析及减数分裂行为观察

染色体数目和形态是种质资源细胞学评价的基础内容。不同种质资源之间可能存在染色体数目的变异，如二倍体、多倍体等，这些变异往往与种质资源的适应性和遗传特性密切相关。通过染色体计数和形态观察，可以初步判断种质资源的遗传稳定性和亲缘关系。观察减数分裂中期Ⅰ（MⅠ）的染色体配对行为来评估杂交材料的亲缘关系及多倍体稳定性。若配对异常现象，如染色体桥、滞后染色体、微核等，反映基因组不稳定性或杂交障碍。评估远缘杂交后代的染色体稳定性。

（2）核型分析

核型分析是研究细胞内染色体组成、形态和结构的重要方法。通过对种质资源进行核型分析，可以揭示其染色体的带型、着丝粒位置等特征，进而推断种质资源的遗传背景和进化历程。核型分析结果对于种质资源的分类、鉴定和遗传改良具有重要意义。

（3）细胞学标记

细胞学标记是利用显微技术观察到的细胞学特征作为遗传标记的方法。这些特征包括染色体的结构变异（如缺失、重复、倒位、易位等）以及染色体的带型差异等。

细胞学标记具有直观、稳定、共显性等优点，在种质资源评价中发挥着重要作用。然而，细胞学标记的数量相对有限，且某些标记的获得可能受到环境条件和实验技术的影响。

（4）基因组大小与DNA含量

通过流式细胞术快速测定基因组大小（C值）及倍性。通过显微分光光度法测定单个细胞核DNA含量；通过原位杂交或测序评估重复序列（如转座子、rDNA）的分布。

4.2.2.2 分子遗传学评价

分子遗传学评价主要利用DNA分子标记技术对种质资源进行遗传多样性分析、亲缘关系鉴定和基因定位等研究。这些技术具有高效、准确、灵敏等优点，在种质资源评价中得到了广泛应用。

（1）DNA分子标记技术

常用的DNA分子标记技术包括RFLP（限制性片段长度多态性）、RAPD（随机扩增多态性DNA）、AFLP（扩增片段长度多态性）、SSR（简单序列重复）和SNP（单核苷酸多态性）、InDel（Insertion-Deletion）标记等。

这些技术通过检测DNA序列的变异来揭示种质资源的遗传多样性，具有高通量、高分辨率和高准确性的特点。RAPD在品种鉴定与指纹图谱构建、遗传多样性分析、亲缘关系鉴定、基因突变和重组检测、种子纯度检测等种质资源评价鉴定中具有重要作用。RFLP在评估种质异质性、促进开源种质的转移和利用、品种及种质资源鉴定、研究亲缘和进化关系、检测与RFLP标记连锁的主基因、构建RFLP标记与数量性状遗传位点（QTL）的连锁图具有非常重要作用。SSR适用于遗传图谱构建和品种鉴定。SNP适合全基因组关联分析，可揭示复杂性状的遗传基础。AFLP技术适用于缺乏参考基因组的物种。InDel标记基于基因组中插入或缺失的DNA片段，通过比较不同个体或物种在同一位点的序列差异，设计特异性引物进行PCR扩增，从而检测多态性。其本质属于长度多态性标记，通过电泳平台实现分型。InDel标记在种内和种间均具有多态性，适用于不同物种的遗传分析。InDel标记用于分析种质资源的遗传多样性、亲缘关系和遗传结构，通过InDel标记与重要性状的连锁关系，实现目标基因的快速定位和选择，提高育种效率。燕麦品种形态多样性与DNA多态性的关系很差。通过对所研究品种形态性状与多态DNA片段的Spearman相关分析，我们可以推测，DNA片段的描述可以完成某些形态性状的标记作用。典型相关分析证实了部分DNA片段与形态性状之间的关系。叶缘的茸毛、叶的颜色、籽粒的颜色等特征都与典型变量相关。其他性状，如生长类型、外稃茸毛等，在Spearman相关分析中具有显著性，但未证明与典型变量有联系。

（2）基因组学

通过高通量测序技术，对种质资源进行全基因组分析，挖掘优异基因。这种方法能够全面了解种质资源的遗传信息，但成本较高。全基因组测序：揭示种质资源的全基因组变异信息，为功能基因挖掘提供基础。重测序技术：通过比较基因组学方法，鉴定与重要性状相关的候选基因。

（3）生物信息学

利用生物信息学工具（数据分析软件：如POWERMARKER、GenAlex、STRUCTURE等），对种质资源的遗传数据进行处理和分析，挖掘有价值的信息，评估遗传多样性、构建系统发育树、分析群体结构等。这种方法能够提高数据分析的效率，但需要专业的生物信息学知识。

4.2.3 表型组学

表型组学借助高通量技术对种质资源进行大规模、高精度的表型数据采集和分析，旨在揭示基因型与环境互作机制，推动作物改良与农业可持续发展。表型组学是一门在基因组水平上系统研究生物或细胞在不同环境条件下所有表型的学科。表型组指的是某一生物的全部性状特征，它不仅涵盖农艺性状，还包括植株所表现出来的生理状态及生化组分，是基因型和环境因素相互作用的结果。

通过高通量成像技术、传感器阵列和遥感技术、机器人技术和自动化等实现燕麦种质资源的综合全面分析，与高通量表型平台集成，革新了表型数据的获取和分析方式，能在受控或田间条件下，高效、无损地从大量植物中收集多维表型数据。有助于高效筛选大型植物种群，加速鉴定有价值的作物改良性状。

使用表型数据来优化资源利用率，如遥感技术与地面传感器网络和无人机（UAVs）相结合，可用于监测整个田地的燕麦生长、健康和胁迫水平。这些信息可以与环境数据和预测模型相结合，优化水、肥料和农药等投入的应用，从而最大限度地提高资源效率并减少环境影响。整合人工智能、机器学习和机器人技术等新兴技术，优化成像参数、数据采集系统设计等，提高表型组学研究的质量和效率。最终达到精准管理大田生产，实现燕麦产业可持续高质量发展。

随着计算机、分子生物学、信息化和人工智能的发展，燕麦种质资源评价趋势为多组学联合分析，结合基因组学、转录组学、代谢组学等多组学数据，全面解析种质资源的遗传机制。利用机器学习和深度学习算法，挖掘复杂的遗传数据，提高功能基因预测的准确性，实现大数据与人工智能有效利用，跨学科合作，实现单细胞单倍体育种，加快育种进程。

4.2.4 经济与生态价值

主要评价燕麦在市场发展的潜力、药用价值、生态适应性、土壤改良能力等这些经济和生态价值，核算其经济效益和生态效益。

4.3 评价流程

4.3.1 种质资源收集、登记与保存

将收集的国内外燕麦种质资源进行登记，注明其来源（野外采集、交换引进、基因库保存材料），登记的基本信息包括：采集地（经纬度、海拔、气候）、生态类型、样本状态（种子/活体/DNA）等。并进行编号入库，建立唯一标识（如ID条形码），建立种质资源库，进行保存。

4.3.2 田间种植与性状观测初评

在不同生态条件下种植种质资源，系统观测其农艺性状、品质性状和抗逆性。

4.3.3 实验室分析与检测

对种质资源进行营养成分分析、分子标记检测等，获取遗传信息。分析染色体（核型、倍性）、减数分裂行为、基因组大小等。对燕麦资源进行DNA标记、功能基因检测、全基因组关联分析（GWAS）等。

4.3.4 数据综合分析与评价

结合表型性状、抗逆性和遗传多样性数据，采用综合评价方法，构建数据库，对合核心种质筛选。最终筛选优良种质资源。

4.3.5 优良种质资源验证与利用

通过多环境测试稳定性（如品种区域试验）的田间试验，杂交育种中作为亲本评估配合力等，验证资源的特征特性。建立核心种质库，为燕麦育种提供亲本材料。

4.4 燕麦新品种申报

饲用燕麦新品种的审定申报途径分为国家级和省市地方级别，目前国家审定机构有农业农村部（全国草品种审定委员会）和国家林业和草原局（草品种审定委员会）；省市地方审定机构一般由各省市林业和草原局种苗站管理。

申报燕麦新品种需要两次申报程序：首选是"国家草品种区域试验"申报，国家区域试验申报评审通过，才能进入国家草品种区域试验。燕麦为一年生饲草，区域试验通常至少2年，国家区域试验结束后，主管部门会给予主管部门盖章的区试报告，根据区试报告结果获得区域试验结果报告，才能进入下一个申报程序，即是"国家草品种审定"申报。我国主要大作物（玉米、小麦、水稻）品种审定申报需要分子鉴定和DUS测试结果，饲用燕麦审定目前不需要分子鉴定和DUS测试结果，以后是否像农作物一样的需求，要看发展需要而定。下面以农业农村部全国草品种审定委员会程序要求予以介绍。

4.4.1 国家草品种区域试验申报

4.4.1.1 受理范围

满足《国家草品种区域试验规范》第三章规定的参试条件，具有推广利用价值的饲草品种。

4.4.1.2 申报及受理程序

（1）网上申报

①登陆"畜牧业综合信息平台—草业子平台"（http://foragegrass.nahs.org.cn/ht/login/login.html）进行填报。

②报送纸质材料：将形式审查通过的纸质申报材料签字盖章（一式两份），按照要求的时间报送。

③申报受理：仅受理完成网上填报并按时提交完整纸质材料的申报材料。

④专家评审：组织专家对受理的申报材料进行集中评审。原则上获得2/3专家同意票数通过方可通过评审。

（2）有关要求

①申报材料提交完成后，应通过系统导出生成签字盖章页，申报人和申报单位签字盖章后，再将签字盖章页上传至系统。

②原则上，国家草品种区域试验申报人和申报单位应与后续申报品种审定时保持一致。

③在中国无固定居所或营业场所的外国公民、外国企业或外国其他组织申请参加国家草品种区域试验的，应当委托具有法人资格的中国草种科研、生产、经营机构代理提出申请。

④申报者应严格按照相关要求提交申报材料，申报系统中各填报栏目和上传附件的细化要求详见4.4.1.3。

（3）整个申报流程

①网上申请账号（或登录原有账号）—②网上填报并提交—③主管单位审查合格—④下载打印纸质版—⑤申报书签字盖章—⑥申报材料全套报送主管单位。

4.4.1.3 国家草品种区域试验申报材料填写说明

①科名：申报品种所属科，以《中国植物志》为准（网络版

其中单株照片应尽量包括花序和根部。照片必须清晰且重点突出。

㉘选育报告：申报品种为"育成品种"的必须通过系统上传（PDF文档或WORD文档，PDF文档为宜），上传文件数量不得超过1个。报告应主要包括育种目标（有明确育种目标，如牧草或种子高产、早熟、抗旱、耐盐、品质改善等）、亲本来源（清楚介绍亲本或其他选育材料及其来源）、育种方法（选择育种、杂交选育、诱变育种等）、选育过程（每代选育工作起始时间、如何开展、选取指标、筛选标准及单株或株系数目、选育技术路线图等）、新品系与亲本在目标性状上的比较结果、植物学特征（申报品种的科属种及其根、茎、叶、花、果实、种子的具体特征；申报品种与亲本不同的特征）、生物学特性（适宜区域、抗性、生育期等）、主要农艺性状（物候期、越夏冬率等、鲜干草产量、种子产量等）、栽培管理技术要点（播种期、播种方法、播种量、播种深度、施肥、灌溉、病虫害防治等内容）及收获利用（利用方式、收获时间、留茬高度等）等内容。

㉙栽培驯化报告：申报品种为"野生栽培品种"的必须通过系统上传（PDF文档或WORD文档，PDF文档为宜），上传文件数量不得超过1个。报告应包括原始野生种质资源采集情况（生境条件、时间、资源份数等）、栽培驯化目标（有明确的驯化目标，如驯化改良种子的落粒、硬实、发芽或成熟不整齐、低产等某一或多个不良野生习性；牧草或种子高产、早熟、耐盐、植株直立等）、栽培驯化方法、栽培驯化过程（每代驯化开始时间、选取指标、如何开展、技术路线图等）、新品系与原始群体在目标性状和结实率（或种子产量）上的比较结果、植物学特征（申报品种的科属种及其根、茎、叶、花、果实、种子的具体特征；申报品种与原始群体不同的特征需明确写清）、生物学特性（适宜区域、抗性、生育期

等）、主要农艺性状（物候期、越夏冬率等、鲜干草产量、种子产量等）、栽培管理技术要点（播种期、播种方法、播种量、播种深度、施肥、灌溉、病虫害防治等内容）及收获利用（利用方式、收获时间、留茬高度等）等内容。

㉚整理研究报告：申报品种为"地方品种"的必须通过系统上传（PDF文档或WORD文档，PDF文档为宜），上传文件数量不得超过1个。报告应包括品种来源（来源地、栽培历史、面积、区域等）、整理研究过程（整理研究目标、收集基本情况、工作起始时间、如何开展等）、植物学特征（申报品种的科属种及其根、茎、叶、花、果实、种子的具体特征；申报品种与同种其他品种不同的特征需明确写清楚）、生物学特性（适宜区域、抗性、生育期等）、主要农艺性状（物候期、越夏冬率等、鲜干草产量、种子产量等）、栽培管理技术要点（播种期、播种方法、播种量、播种深度、施肥、灌溉、病虫害防治等内容）及收获利用（利用方式、收获时间、留茬高度等）等内容。

㉛引种报告：申报品种为"引进品种"的必须通过系统上传（PDF文档或WORD文档，PDF文档为宜），上传文件数量不得超过1个。报告应包括引种目标（明确引入我国的主要目的，如与市场中同类国内外品种相比的主要优势）、品种来源（申报品种的育成国家或企业、审定或登记的国家和时间、当前实际品种权人等基本情况）、引种过程（时间、来源、引种试验结果、引种技术路线图等）、植物学特征（申报品种的科属种及其根、茎、叶、花、果实、种子的具体特征；申报品种与同种其他品种不同的特征需明确写清楚）、生物学特性（适宜区域、抗性、生育期等）、引种试验（试验具体负责人姓名及联系方式、试验材料、试验地点时间、试验设计、测定指标及详细方法、试验结果和结论等）、主要农艺性

状（物候期、越夏冬率、鲜干草产量等）、栽培管理技术要点（播种期、播种方法、播种量、播种深度、施肥、灌溉、病虫害防治等内容）及收获利用（利用方式、收获时间、留茬高度等）等内容。

㉜品种比较试验报告：全部申报品种均需通过系统上传品种比较试验报告（PDF文档或WORD文档，PDF文档为宜），上传文件数量不得超过1个。报告应包括试验承担单位、试验具体负责人姓名及联系方式、试验布置行政区域、试验地概况、试验材料（须说明对照品种，其中申报"育成品种"和"野生栽培品种"的，试验对照品种应至少包括亲本或原始群体）、试验设计（小区面积、小区布置、重复数等）、试验起止时间、播种情况（播种时间、方法、播种量、播种深度等）、田间管理（施肥时间、肥料种类、施量、灌溉时间、灌水量、病虫害发生和防治情况等）、测定指标和方法（如测产方式、测产面积等）、试验结果与分析（牧草包括干鲜草或种子产量、生育期、抗性等）。牧草产量结果应进行方差分析，并用新复极差法进行多重比较。各项要求必须符合国家标准《草品种审定技术规程》GB/T 30395。

㉝品种比较试验照片：通过系统上传（PDF文档或WORD文档，PDF文档为宜），上传文件数量不得超过1个。提供的田间品种比较试验照片必须同时包括申报品种和对照品种，照片清晰。

㉞野生分布证明：申报"野生栽培品种"必须得通过系统上传申报材料野生分布的证明文件（PDF文档或WORD文档，PDF文档为宜），上传文件数量不得超过1个。证明文件由县级（含）以上农业农村（或草原）行政主管部门或省级畜牧（或草原）技术推广部门出具，说明申报品种所属植物种在申报者声称的种源地（采集地）是否有野生分布、是否同意申报者申报该品种参加国家草品种区域试验。

㉟知情同意书：申报"地方品种"的必须通过系统上传（PDF文档或WORD文档，PDF文档为宜），上传文件数量不得超过1个。由种源地县级（含）以上农业农村（或草原）行政主管部门或省级畜牧（或草原）技术推广部门出具，说明申报品种在当地的栽培历史、主要栽培区域、现有栽培面积及是否同意申报者申报该品种参加国家草品种区域试验。

㊱授权书：申报"引进品种"的必须通过系统上传（PDF文档或WORD文档，PDF文档为宜），上传文件数量不得超过1个。品种所有权单位须授权全部申报单位申请参加区域试验的授权书。授权书应为中英文对照，内容至少包括：授权方拥有申报品种所有权的证明或承诺；申报品种在国外审定或登记的基本情况（审定或登记组织或机构、年份等）；明确同意申报者向全国畜牧总站（National Animal Husbandry Service）申请参加国家草品种区域试验（National Herbage Cultivar Regional Trial）；授权方愿意承担由此授权产生的相关责任；授权有效期及授权书签署日期。授权中英文对照内容不一致的为无效授权。授权书中授权方仅提及同意申报者代为向全国畜牧总站申请参加国家草品种区域试验。

㊲在国外已审定登记的证明材料：申报"引进品种"的必须通过系统上传在国外已审定登记的证明材料（PDF文档或WORD文档，PDF文档为宜），上传文件数量不得超过5个，主要包括品种审定登记证书复印件或在线查询的网页截图（含网址）、品种所有权证明、经品种所有权人签章同意申报的说明等。

㊳申报品种检疫证明材料：申报"引进品种"的必须通过系统上传申报品种检疫证明材料（PDF文档或WORD文档，PDF文档为宜），上传文件数量不得超过1个。申报品种引种试验所用种子批次的植物进出口检疫证明材料。

㊴历次申报未通过的专家反馈意见及答复:"是否首次申报"栏选择"否"的必须通过系统上传(PDF文档或WORD文档,PDF文档为宜),上传文件数量不得超过1个。提供历次申报未通过的专家反馈意见原件截图,及针对反馈意见的逐条答复,并说明答复依据。

㊵其他相关材料:各种与申报品种相关的其他材料,如研究论文、营养检测报告等。申报品种为牧草品种的,其所属植物种属不在《草种管理办法》规定的主要草种(苜蓿、沙打旺、锦鸡儿、红豆草、三叶草、岩黄芪、柱花草、狼尾草、老芒麦、冰草、羊草、羊茅、鸭茅、碱茅、披碱草、胡枝子、小冠花、无芒雀麦、燕麦、小黑麦、黑麦草、苏丹草、草木樨、早熟禾等)范围内的,需在国家草品种区域试验结束后由第三方完成动物饲喂试验报告提交全国畜牧总站。

申报品种为转基因品种的,必须上传农业农村部颁发的该品种农业转基因生物安全证书。

㊶申请人声明:申请人必须本人签字。多个申请人时,从左至右逐个签字。无本人签字的不被认作申请人之一。区域试验申请人和申请单位应与后续的申报审定品种时一致,如果不一致,审定品种申报时形式审查不予通过。

㊷申请单位审核:申请单位必须加盖与申请单位名称一致的公章。多个申请单位时,从左至右(可分行)逐个加盖公章。未加盖公章的不被认作申请单位之一。

㊸签字盖章页:请将导出材料的申请人声明和申请单位审核页签字盖章后上传系统。

4.4.1.4 品种报告的撰写

(1)品种选育/栽培驯化/整理研究/引种报告

品种报告是根据申报的类型品种类型进行撰写,申报品种为

"育成品种"撰写"选育报告","野生栽培品种"为"栽培驯化报告","地方品种"为"整理研究报告","引进品种"为"引种报告"。在"4.4.1.3国家草品种区域试验申报材料填写说明"中已经介绍了其中包括的内容。在燕麦品种申报中,选育报告为多,一定要明确育种目标,针对育种目标开展的选育过程要清楚,亲本来源清晰。育种目标的指标要显著超过对照。

(2)品种比较试验报告

品种比较试验报告以自行开展的试验结果为基础撰写。在"4.4.1.3国家草品种区域试验申报材料填写说明"中已经介绍了其中撰写所包括的内容。但需要注意的是,品比试验选择的对照品种要符合《草品种审定技术规程》GB/T 30395相应条款规定,原则上应为通过国家级审定的品种。如国家级审定品种中无适宜对照,可推荐省级审定品种或当地主推品种作为对照。参照《草品种审定技术规程》(GB/T 30395)。燕麦属于一年生草本植物,品比试验的年限不少于2个生长周期,参试品种应不少于3个(包括对照品种)。试验小区面积不少于15 m^2,试验采用随机区组设计,重复不少于3次。如果草产量和种子产量均需要测定,重复不少于6次。即3次重复为测定草产量,3次重复为测定种子产量。全部试验地块四周设1~2 m宽的保护行。小区产量测定面积可以是全区测产或只去掉小区2个边行进行测产。栽培措施和田间管理与当地大田生产相同。最后对试验结果进行统计分析。对产量结果进行方差分析。

4.4.2 国家草品种审定申报

品种申报者在获得国家主管部门给予的具有盖章的区试试验结果报告后,可以申请品种的审定。申报流程同4.4.1.2,同样在"畜牧业综合信息平台—草业子平台"审定栏目中网上填报上传提交相关材料。品种审定申请，在原来申请区试材料的基础上，还需要补充区试试验报告和生产试验报告。生产试验通常由生产试验点出具相应的证明材料，申请者根据试验结果撰写生产试验报告。打印纸质材料盖章报送主管部门。主管部门召开全国草品种审定会议，评审专家2/3票数同意审定通过后，农业农村部官方网站上公示15个工作日，公示期内没有异议，方可认定为该品种审定通过。

4.4.2.1　品种区试试验报告

品种区试试验是按照《国家草品种区域试验规范》进行，由国家统一试验，试验通常设定4个或4个以上区试点进行区试。区试试验年限不少于2个生长周期。试验结束主管部门根据各个区试地点试验结果，出具盖章的区试试验报告。

4.4.2.2　品种生产试验报告

参照《草品种审定技术规程》（GB/T 30395），生产试验应根据品种适应性，安排3个以上（含3个）不同地区的试验点，每个试验点的种植面积为1 000～3 000 m^2。栽培措施和田间管理与当地大田生产相同。基本情况、田间观测等所有与试验相关的内容应详细记载。生产试验报告以在试验点进行的自行开展（或他人开展）的试验结果为基础撰写，生产试验需要至少2个生长周期。生产试验时间安排可与区试试验的同期进行。

4.4.2.3　注意事项

如发现伪造数据或虚报假材料，将取消申报资格并影响后续申请。

4.5　燕麦新品种特异性、一致性、稳定性测试

燕麦新品种特异性（Distinctness）、一致性（Uniformity）、

稳定性（Stability）的测试，简称DUS测试。此方法适用于所有种类的燕麦（*Avena sativa* L.）和裸燕麦［*Avena chinensis*（Fisch. ex Roem. & Schult.）Metzg］。

4.5.1 所需材料要求

根据主管部门要求提供测试品种所需植物材料的数量和质量。繁殖材料应以种子形式提供。申请者应提供的最小种子数量为3 kg。种子应符合主管部门规定的发芽率、物种纯度、净度、健康状况和水分含量的最低要求。如国家标准要求（NT/Y 2355—2013）净度≥98%，发芽率≥85%，含水量≤13%。若种子需储存，其发芽能力应尽可能高，并由申请人说明。提供的植物材料应肉眼可见地健康，活力高，且未受任何重要害虫或疾病的侵害。植物材料不应接受过任何可能影响品种特性表达的处理（如种子包衣处理），除非主管部门允许或要求此类处理。若已进行处理，必须提供处理的详细说明。

4.5.2 测试方法

4.5.2.1 生长周期数量

测试周期至少为2个独立的生长周期。

4.5.2.2 测试地点

测试通常在一个地点进行。若某性状在该地区不能充分表达，可在其他符合条件的地点对其进行测试。

4.5.2.3 田间设计

每个测试品种应设计为至少产生2 000株植物，这些植物应至少分为2个重复组。

①对"季节类型"特性的测试应在至少300株植物上进行。

②若进行穗行测试,应观察至少100个穗行。

③测试的设计应确保可以移除植物或植物部分进行测量或计数,而不影响必须持续至生长周期结束的观测。

4.5.2.4　田间管理

可按照当地大田管理进行。

4.5.2.5　性状观测

性状观测按照附表1表述的方法。

4.5.3　特异性、一致性和稳定性判定

4.5.3.1　总体原则

特异性、一致性和稳定性(distinctness,uniformity,stability,DUS)判定按照GB/T 19557.1—2004。在使用这些测试指南做出关于特异性的决定之前,用户特别需要咨询总则介绍。以下要点在这些测试指南中提供了详细说明或强调。

4.5.3.2　特异性判定

(1)差异恒定

差异恒定指两个或多个品种在关键性状上表现出的稳定、可重复的差异,即该差异需在不同环境、时间或遗传背景下持续存在,而非偶然或环境诱导的结果。

若品种间差异已清晰可辨,则无须重复进行多个生长周期的试验。此外,在特定条件下,若环境因素对性状表现的影响较小,仅需一个生长周期即可确保观测到的品种间差异具有足够的持续性。为进一步验证生长试验中某一性状的差异是否稳定可靠,建议至少

在两个独立的生长周期内对该性状进行观测，以排除环境波动等随机因素的干扰。

（2）差异明显

差异明显指两个品种在关键性状上表现出的可客观识别、统计学可靠且生物学有意义的区别。

判断两个品种之间的差异是否明显取决于许多因素，尤其要考虑被测试性状的表达类型，即是否是质量性状、数量性状或假质量性状。

①质量性状：如颜色，外稃为黑色籽粒和外稃白色籽粒，两者之间没有重叠过渡色，其差异可通过直接观测明确判定。

②数量性状：如株高、产量，需通过统计学方法分析均值与变异程度。两个品种株高相比，一个品种160 cm，另一个品种80 cm两者相差显著。

③假质量性状：如抗病性分级标准明确（如1~9级抗病性），品种间至少相差1个完整等级，但有的却是划分两类，高抗与易感，有的划分为高抗、中抗和感病三类，兼具定性描述与定量评分特征。

（3）观测样本数量

除非另有规定，在特异性判定中，针对单株性状的观测应满足以下要求：

①单株样本量：从试验群体中随机选取10株个体，对每株个体进行观测（如单株性状），或从每株个体上选取特定部位（如叶片、花序）进行观测。

②群体观测要求：除上述单株观测外，需对试验群体中全部植株进行整体观测（如群体整齐度、物候期一致性），观测过程中应剔除离体株（即与群体性状显著偏离的异常植株）。

③单株部位取样规则：若从单株个体上选取部位进行观测（如

叶片数量、分枝数），每株个体仅需选取1个代表性部位（例如，每株仅取1片成熟叶片进行测量）。

（4）观测与记录方法解释

①观测方法：分为目测（Visual observation，V）和实测（Measurement，M），目测需由2名以上独立观测者完成，一致性需达90%以上。目测可以使用参考样品（如标准品种、比色卡等）进行的观察。实测则是依据校准后的线性标尺所进行的客观测量，例如使用尺子、秤、叶绿素仪、比色计等，并记录环境条件（如温度、湿度）。

②记录类型：分为群体记录（Group，G）和单株记录（Single，S）。

群体记录（G）：对一组植株或植株部位进行单次观测并记录单一结果，该结果代表该品种在群体层面的性状表现。如群体整齐度、群体物候期等宏观性状。例如：记录某品种群体中80%植株的开花始期（群体记录）；通过色卡判定某品种群体叶片的主色调（群体记录）。群体记录通常无须逐株分析，因此无法通过统计方法（如方差分析）验证单株间差异。但需明确记录群体规模。如"50株群体中80%植株开花"。

单株记录（S）：对多株个体植株或植株部位分别进行观测并记录多个独立结果，数据可用于统计分析。单株间存在变异的性状（如株高、单株产量）；例如：随机选取10株个体，分别测量其株高并计算均值、标准差；统计10株个体的分枝数，分析品种内变异性。单株记录（S）需注明样本量，如"随机选取10株个体，株高均值±标准差"。

③观测与记录结合：观测与记录通常是结合一起的，观测方法和记录类型，分为群体实测、个体实测、群体目测和个体目测。

群体测量（MG）：对一组植株或植株部位进行单次测量；

个体测量（MS）：对多株个体植株或植株部位分别进行测量；

群体目测（VG）：对一组植株或植株部位进行单次目视评估；

个体目测（VS）：对单株个体植株或植株部位分别进行目视评估。

（5）观测方法的选择原则

若针对某一性状进行多种观测方法，则需遵循以下原则：

①优先性原则：在实测（M）与目测（V）中，若可通过测量法（M）精准量化（如叶长、叶宽、株高、鲜重等），则优先采用实测法；不能进行实测的则采用目测法（V）（如颜色）。

②互补性原则：对复杂性状可结合使用目测法与实测法（如通过目测法初筛、实测法验证）；如颜色，也可以先目测初筛，然后用叶绿素测定仪实际测量验证，如株高，可以目测初筛一下植株高度，然后用尺子直接测量，例如抗病性评估：先通过目测逐株观察病斑类型，再通过实际测量统计病斑面积占比。

③环境适应性原则：前两原则前提下，还需考虑观测方法的可操作性，如在田间快速判定某性状，可以目测法观测的，优先采用目测法；在实验室，进行精密分析，首选实测法。

（6）表达状态及相应数字注释

在实际观测或测量中，为了更简洁、方便、快速记录每个性状特征，用数字标注形式记录每一个性状特征，也就是给每个性状特征赋予一个数值，便于记录（表4-1，表4-2）。划分级别比较少，一般性描述赋予数值见表4-1，划分三个级别强度的记录赋予数值见表4-2。

第 4 章 燕麦资源评价

表4-1 一般描述记录赋予数值及举例

分级状态	举例		记录赋予数值	举例		记录赋予数值
	皮裸性	初生粒外稃背面茸毛		种子外稃颜色	燕麦季节性	
有	裸	无	1	白	冬性	1
无	皮	有	9	黄	中间型	2
				褐	春性	3
				黑		4

表4-2 三个级别强度的记录赋予数值及举例

分级状态	举例				记录赋予数值
	旗叶：叶鞘蜡层光泽度	初生粒：基部茸毛的长度	芒：出现频率	初生粒小穗轴长度	
小	无或微弱	短	无或低	短	1
中	中	中	中	中	3
大	强	长	高	长	5

如果划分更多级别如抽穗时间、外稃的灰白蜡粉强度、植株株高等差异比较多情况下，采用9分制赋值标注，如表4-3所示。

表4-3 多个级别强度的记录赋予数值及举例

分级状态	举例			记录赋予数值
	抽穗时间（期）	株高	外稃的灰白蜡粉强度	
很小	很早	很矮	无或极弱	1
很小—小	很早—早	很矮—矮	无或极弱—弱	2
小	早	矮	弱	3
小—中	早—中	矮—中	弱—中	4

（续表）

分级状态	举例			记录赋予数值
	抽穗时间（期）	株高	外稃的灰白蜡粉强度	
中	中	中	中	5
中—大	中—晚	中—高	中—强	6
大	晚	高	强	7
大—很大	晚—很晚	高—很高	强—很强	8
很大	很晚	很高	极强	9

4.5.3.3 一致性判定

（1）样本量

一致性评估的推荐样本量通过以下代码标注：

A：样本量为100株个体植株/植株部位/穗行。

B：样本量为2 000株个体植株。

（2）样本量为B：2 000株时的评估标准

群体标准：允许异型株的最大群体比例为0.1%。

接受概率：至少需达到95%的置信水平。

判定规则：在2 000株样本中，最多允许5株异型株；若异型株数量超过5株，则判定该品种不一致

（3）样本量为A：100穗行/植株/植株部位时的评估标准

群体标准：允许异型株的最大群体比例为1%。

接受概率：至少需达到95%的置信水平。

判定规则：在100穗行/植株/植株部位样本中，最多允许3个异型株或异型穗行。

异型穗行定义：若某穗行内存在超过1株异型株，则该穗行整

体视为异型穗行。

若异型株或异型穗行数量超过3个，则判定该品种不一致。

（4）判定步骤

第一阶段（初筛）：随机观测20株个体植株或植株部位。

判定规则：

①若未发现异型株（0株），则直接判定该品种一致。

②若发现超过3株异型株，则直接判定该品种不一致。

③若发现1~3株异型株，则需进入第二阶段。

第二阶段（扩展观测）：

①在初筛基础上，额外观测80株个体植株或植株部位（总样本量达100株）。

②最终判定：结合两阶段数据，1%群体标准、95%接受概率判定一致性。

（5）建议

①样本随机性：确保样本选取的随机性与代表性，避免人为偏差。

②记录规范：详细记录异型株的性状表现（如株高、穗型等）及空间分布（如具体穗行编号）。

③环境控制：在一致性测试中，需保持一致的种植条件（如光照、肥水管理），以排除环境干扰。

④多性状结合：对代码"A"性状，可优先筛选易观测性状（如株高、叶色）进行初筛，以提升效率。

通过以上标准化流程，可确保一致性评估的科学性、可重复性与国际互认性。

4.5.3.4　稳定性判定

稳定性测试通常难以像获得确凿无疑的结果。如果一个品种具备一致性，则可同步认定其具备稳定性。必要时在田间试验中，需选择已知品种与待测品种共同种植，并通过分组特征（Grouping characteristics）实现以下目标：

简化特异性评估：从试验群体中排除无须测试的已知品种。

优化试验布局：将相似品种分组种植，便于性状对比与判定。

4.5.4 品种分组与田间试验的组织安排

分组特征指通过文献记载的性状表达状态（即使在不同环境条件下测得），可单独或组合用于：

（1）筛选出无须参与特异性测试的已知品种（因其性状与待测品种差异显著）。

（2）优化田间试验布局，将性状相近的品种集中种植，提升评估效率。

（3）公认的分组特征示例

以下性状已被国际植物新品种保护联盟（UPOV）等机构确认为有效分组特征见表4-4。

表4-4 被国际植物新品种保护联盟（UPOV）等机构确认为有效分组特征

类别	分组特征	具体描述
（a）种子	外稃颜色	种子外壳的色泽差异（如黑色、白色、褐色、黄色）
（b）茎秆	最上茎节茸毛性	茎秆最上部节位的茸毛密度（如无毛或极少、少、中等、多、极多）
（c）颖	颖蜡粉层强度	护颖表面蜡质覆盖程度（无或极弱、弱、中、强、极强）
（d）籽粒	皮裸性	种子外壳是否易脱落或存在与否（有或无）
（e）熟期	季节类型	如春性、中间型、冬性

我国燕麦DUS测试行业标准（NY/T 2355—2013）分组为：a）穗：分枝方向；b）籽粒：皮裸性；c）芒：有无；d）外稃：颜色。

（4）建议

①优先使用标准化分组特征：优先选择UPOV或国家标准中列明的分组特征，确保国际或国内互认性。

②动态更新分组特征库：针对新作物类型或特殊育种目标，可补充其他性状（如抗病性、耐逆性）作为辅助分组依据。

③结合分子标记技术：对难以通过表型区分的品种（如同色外稃），可引入SSR/SNP标记辅助分组，提升效率。

通过科学分组与稳定性验证，可显著提高品种特异性测试的准确性、效率与合规性，为品种权保护提供坚实的技术支撑。

4.5.5　性状表

在国际植物新品种保护联盟（UPOV）批准的燕麦特异性、一致性和稳定性（简称"DUS"）测试的性状列表中燕麦总共有22个性状列入：1种子外稃颜色；2幼苗生长习性；3最下部叶片叶鞘的茸毛性；4叶片叶缘茸毛；5植株旗叶下弯比率；6抽穗期；7茎秆最上茎节被毛性状；8旗叶叶鞘灰白色蜡粉强度；9颖片灰白色蜡粉强度；10穗形；11颖片长度；12初生粒：外稃的灰白蜡粉强度；13植株：株高；14穗（花序）：长度；15籽粒：皮裸性；16仅针对稃颜色为棕色或黑色品种：初生粒外稃背面的茸毛性；17初生粒：基部的茸毛性；18初生粒：基部茸毛的长度；19初生粒：芒出现的频率；20初生粒：外稃的长度；21初生粒：小穗轴长度；22季节类型。

我国标准（NY/T 2355—2013）中列出性状为37个。

标准化的燕麦DUS测试，通过规范使用性状表达状态、可操作的技术框架，参考标准品种及明确的标注，可显著提升DUS测试的准确性、一致性与国际互认性，促进品种权的国内或国际保护与交流合作。

第5章

燕麦品种选育技术

5.1 系统育种

5.1.1 定义

系统育种是指根据育种目标，创造变异群体并进行单株选择，筛选出优良的变异单株，经过自交多代纯和以后，进行性状鉴定，通过品比试验、区域试验以及生产试验，最终选育出新品种的方法，又称纯系育种或选择育种。由于栽培燕麦基因组是异源六倍体，在两个燕麦纯系品种杂交后，需要进行六代以上自交才能获得纯合品系。多次自交后会形成数量庞大的株系群体。对于育种者而言，需要对自交后代群体进行准确的判断和谨慎取舍，否则需要付出大量的人力物力成本。

5.1.2 选育方法

系统选择育种按照育种进程一般可分为四个阶段，即优良变异株的选择、株行比较试验、品比试验、区域试验和生产试验。优良变异株的选择可在F_2代以后任何阶段进行选择。株行比较试验则需要根据性状分离情况确定,在后代性状稳定之后可不再进行株行种植,进入品比试验。通过品比试验的品系可进一步开展区域试验和生产试验。具体选育流程如下:

5.1.2.1 杂种一代(F_1)

种植:以组合为单位进行条播或单株种植。

选择:杂种一代同组合内(尤其是单交组合)植株间是一致的杂合体,故不进行单株选择。观察F_1性状是否综合了父母本的优点,并根据目标性状淘汰不良组合即可。同时需要参照亲本性状去除假杂交种。因此,F_1代种植时,最好将亲本一同种植,便于比较。

收获:同组合的植株可混收,或分别单收。

5.1.2.2 杂种二代(F_2)

种植:杂种二代要进行单株选择,因此应以组合为单位进行单株种植。

选择:杂种二代是性状强烈分离的世代,性状分离程度与亲本之间亲缘关系有较大关联。F_2代要在优良杂交组合内尽可能多地选择优良单株,在表现差的组合中少选单株,或直接淘汰整个组合。在田间燕麦处于生长季时选择符合育种目标的优良单株,并对植株进行标记,方便后期收获。

收获:将标记的单株以单株为单位分别进行收获,下季播种株行。

5.1.2.3 杂种三代(F_3)

种植:将F_2单株收获的种子分别进行条播种植形成株系,并尽量保证播种密度恒定。

选择和收获:F_3株系间有明显差异,株系内仍有分离。因此,

F_3仍以选择优良单株为主,以株系为单位收获,下年度分单株条播。F_3内表现特别优良且表型一致的株系可以在选出单株后,整个株系混收,下年度直接进行品种比较。

5.1.2.4 杂种四代(F_4)

种植:对于F_3收获的单株,条播形成株系。

选择和收获:优良株系和优良单株并重进行选择。选择优良单株为主,以株系为单位收获,下年度分单株条播。表现特别优良且表型一致的株系可以在选出单株后,整个株系混收升入鉴定圃,下年度进行品种比较。

5.1.2.5 F_5和F_6的选择

种植、选择和收获的程序和F_4基本相同。

5.2 杂交育种

5.2.1 定义

是指通过人工控制不同遗传背景的植物个体(亲本)进行有性杂交,利用基因重组和分离机制,将双亲的优良性状聚合于后代,再通过多代选择和鉴定,培育出目标性状特性的新品种。

5.2.2 杂交方法

燕麦的杂交方法具体包括如下步骤:

①植株田间种植:根据父母本生育期长短,分多个批次适时早播或晚播母本,使父母本花期尽可能相遇。

②亲本杂交植株的选择:母本选取有1/2穗抽出的个体,父本选取有1/2穗抽出的个体。

③母本植株整穗：去除母本穗顶部已经授粉的小穗以及基部发育太迟的小穗。

④去雄：去除小穗顶部小花，只保留基部最大的小花，用拇指和中指捏住小花两侧，使内稃面向自己，同时用食指轻按外稃，使内外稃顶部分离，然后右手用镊子夹住内稃顶部并向下拨开小花，露出花药。然后，用镊子挟去已经显露出来的3枚花药。一般每穗去雄10个小穗。

⑤收集花粉/花药：收集花粉时要选择发育成熟的花药，成熟花药的颜色一般呈现鲜黄色，且触感蓬松，偏黄绿色的花药未发育成熟，不能散粉，黄褐色花药则已经散粉完毕，花粉已失去活力。按照④中的操作步骤，取出父本的成熟花药，并收集在广口小烧杯或其他广口容器中。容器口径不宜太大，一般以无名指能够握住为宜。

⑥授粉：在母本小花去雄后的第三天，用左手拇指、食指和中指重复④中剥开小花的步骤将小花打开，暴露出里面的雌蕊。同时，左手无名指和小拇指握住盛有花药的小杯。用右手持镊子从小杯中夹取2~3枚花药置入母本小花中，将花粉散落在雌蕊上。之后，闭合小花，继续操作下一朵小花的授粉，直至将10朵小花全部授粉完毕。

⑦套袋：用硫酸纸袋（硫酸纸袋大小为18 cm×11 cm）完全套住完成授粉的小花，并在穗基部封口固定。

⑧挂签：在套袋完成后挂签（挂签尺寸通常是3.5 cm×5 cm），签上用铅笔记录雌♀雄♂（亲本）编号或名称以及日期，保险起见，也有的在硫酸纸袋上进行同样标注。

5.3 种内杂交育种

5.3.1 定义

种内杂交是指相同种的作物不同品种或品系之间进行杂交。种内杂交育种能否选育出优良品系，与亲本的选择密切相关。

5.3.2 方法

燕麦种内杂交的方法流程参见5.2.2。燕麦杂交亲本选择是杂交育种的关键环节，直接影响育种目标的实现和后代性状的表现。正确地选择杂交亲本对于提高育种效率非常重要。杂交亲本选择一般遵循如下原则：

①通常选择综合表现优良，目标性状突出的材料作为亲本，且父母本之间最好能够优缺互补。

选择具有较多优良性状且无突出缺点的亲本，使双亲的优点在后代中叠加，缺点相互弥补。例如，若母本抗倒伏性强但产量低，父本产量高但易倒伏，则二者杂交可兼顾抗倒伏和高产性状。亲本不仅在目标性状上表现优异，还应具备其他优良性状，如抗病性、抗倒伏性、早熟性等，以提高后代的综合农艺性状。

②选择能够适应目标种植区域自然条件和气候特点的材料作为亲本。

选择对当地环境条件适应性强、抗逆性好的亲本，使杂交后代在更广泛的区域内表现稳定。

③亲本的不良性状要能够通过杂交予以克服，不存在难以克服的不良性状。

④尽可能选择亲缘关系较远的、地理距离较远的不同的生态型作为杂交亲本。亲本遗传差异大，增强杂种优势。选择地理来源或

生态类型差异较大的亲本，以增加遗传多样性，扩大杂种后代的变异范围，提高选择优良单株的机会。避免亲缘关系过近，亲缘关系过近的亲本杂交，后代可能出现近交衰退，导致生长势弱、产量低等问题。

⑤数量性状优先，兼顾质量性状：数量性状（如产量、千粒重等）受多基因控制，改良难度大，应优先选择在这些性状上表现优异的亲本。质量性状（如籽粒颜色、穗型等）受单基因或少数基因控制，改良相对容易，但需根据育种目标合理选择。

⑥亲本配合力好，杂种优势明显：选择遗传传递力强的亲本，使优良性状能够稳定遗传给后代。选择一般配合力好、特殊配合力强的亲本。

此外，杂交亲本选择亲本花期相遇，杂交操作可行，如果花期不遇，无法杂交成功，可通过调整播种期来实现花期相遇。

燕麦杂交亲本选择需综合考虑亲本的优良性状、遗传差异、适应性、遗传传递力、花期相遇、操作可行性等因素，确保亲本组合能够产生具有杂种优势的后代，满足育种目标。通过科学合理的亲本选择，可提高育种效率，加速优良品种的选育进程。

在杂交育种中，杂交组合方式的选择，对育种效果也有重要意义。常见的杂交组合方式包括单交（成对杂交）、复合杂交、回交等。与复交相比，单交比较简单，父母本各自只有1个，是最简单的组合方式。复合杂交是指一对父母本杂交后的F_1代再与其他亲本或杂交种进行杂交，因此复合杂交的后代一般都有多个亲本。复合杂交因为亲本多样，可以有多种形式，图5-1中展示了复合杂交中的一种。回交是在单交的基础上，将F_1代与亲本之一再杂交一次。

杂交后，根据杂种F_1代表现，保留优势组合，淘汰不良杂交组合。一般在杂种F_2代及其以后世代会出现性状分离，此时选取综合父母本优势性状的株系作为候选品系。具体选择流程参考5.1.2。

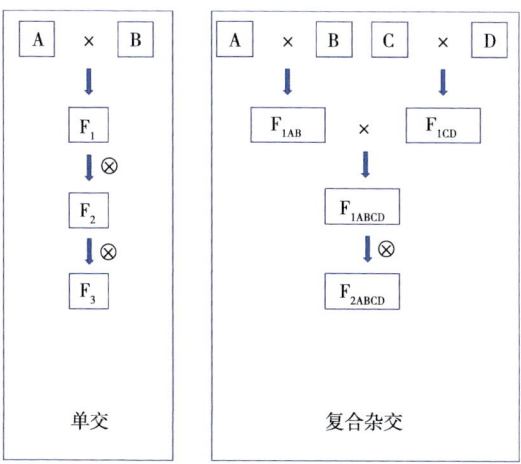

图5-1 单交和复合杂交示意图

5.4 远缘杂交育种

5.4.1 定义

远缘杂交是指不同种、属或亲缘关系更远的物种之间进行杂交，是植物育种中的重要技术之一。

Kasha和Kao发现远亲物种在成功受精后表现出单亲本染色体消除。因此，远缘杂交也可以用于单倍体的生产，以加速植物的育种过程。燕麦属植物包含了二倍体、四倍体和六倍体，前人已经开展了多例燕麦属内不同种之间的远缘杂交研究。研究实践证明四倍体、六倍体种群内杂交容易成功，后代可育。如六倍体普通栽培燕麦（A.sativa L.）与四倍体大燕麦（A. magna Murphy et Terrell），A. eriantha与A. sativa，A. ventricosa与A. sativa，A. abyssinica与

A. sativa、*A. barbata* 与 *A. sativa*，*A. fatua* 与 *A. sativa*，*A. fatua* 与 *A. sterilis*。二倍体和六倍体的种群间杂交后代往往不育，只有利用四倍体种 *A. abyssinica* 作桥梁种进行复合杂交或回交，才能完全可育。

燕麦和玉米、摩擦禾以及珍珠粟等其他属植物杂交后会发生染色体消除。燕麦（*Avena sativa* L.）和珍珠粟（*Pennisetum glaucum* L.）属于禾科不同的亚科。一般来说二者杂交后也会发生单亲染色体消除。然而，在一些燕麦和珍珠粟的杂交后代中所有的7条珍珠粟染色体都保留在燕麦胚胎的基因组中。这些杂交胚胎能够发育成幼苗，但在光照后出现坏死症状。燕麦和珍珠粟之间进行远缘杂交的技术流程如下所述。

5.4.2 材料准备

5.4.2.1 植物材料

燕麦（$2n=6x=42$）为母本，珍珠粟（$2n=2x=14$）为父本。

5.4.2.2 穗培养和胚胎培养基

$1\,000\times2,4$-二氯苯氧乙酸（2,4-D）原液：100 mg 2,4-D 与 1 mL（100 mg/mL）二甲亚砜（DMSO）在50℃下溶解。原液可以存储在-20℃。制备$1\times2,4$-D溶液（100 mg/L）时，用蒸馏水将$1\,000\times2,4$-D原溶液稀释1 000倍，并在4℃冰箱避光保存。

穗培养基1（杂交前）：用2 L自来水溶解80 g蔗糖，4℃保存。

穗培养基2（杂交后）：用2 L自来水溶解80 g蔗糖和2 mL $1\,000\times2,4$-D原溶液，4℃避光保存。

1%次氯酸钠溶液：由次氯酸钠溶液加蒸馏水稀释制备。

胚胎培养基：制备1 L培养基需要溶解2.3 g MS培养基基础盐

粉末，50 mg肌醇，0.2 mg硫胺素，50 mg l-丙氨酸，20 mg半胱氨酸，10 mg精氨酸，10 mg亮氨酸，10 mg苯丙氨酸，10 mg酪氨酸，30 g蔗糖，8 g琼脂TC于蒸馏水中，用氢氧化钾溶液调节pH为5.8，高压灭菌后加入400 mg谷氨酰胺，并在无菌环境下分装到培养皿（Ø9 cm）中，每个培养皿倒入20 mL胚胎培养基。在培养基固化后，用Parafilm封口膜密封培养皿，4℃避光保存。

5.4.2.3 杂交后代细胞学分析

①植物组织的固定溶液：将乙醇和冰乙酸按3∶1（V/V）的比例混合。

②90%、70%和50%乙醇溶液：将乙醇与蒸馏水混合制备，室温下保存。

③45%醋酸：将冰醋酸与蒸馏水混合制备，室温保存。

④酶溶液：将20 mg果胶酶Y23和20 mg纤维素酶"ONOZUKA" R-10溶解在1 mL蒸馏水中，-20℃保存。

⑤DNA提取试剂盒。

⑥Klenow片段。

⑦10 μmol/L随机引物［非脱氧核糖核苷酸混合物；pd（N）9］。

⑧0.2 mmol/L dNTP（无dTTP）。

⑨1 mmol/L 荧光素-12 dUTP。

⑩TaKaRa ExTaq DNA聚合酶。

⑪珍珠粟着丝粒特异性重复序列引物：5′-CCGAAGCACGAGTTTTTCAT-3′。

⑫1 mmol/L 四甲基罗丹明-5-dUTP。

⑬DNA沉淀溶液：3 mol/L乙酸钠（pH 5.2）和异丙醇。

⑭GISH和FISH的染色体DNA变性溶液：用70%乙醇配制0.2 M氢氧化钠溶液。

⑮2×生理盐水柠檬酸钠缓冲液（2×SSC）：300 mmol/L 氯化钠，30 mmol/L 柠檬酸钠，pH值为7.0。

⑯FISH和GISH杂交溶液（10 μL）：50%甲酰胺（formamide），10%硫酸酯（dextran sulfate），50~100 ng DNA探针和100 ng小麦rDNA片段（用于阻断核糖体DNA序列）溶于2×SSC buffer中。

⑰玻片洗涤buffer：用2×SSC缓冲液配制0.1% Triton X-100，室温保存。

⑱DNA染色溶液：Vectashield防荧光淬灭封片剂，含1 ng/μL 4′,6-二氨基-2-苯乙烯醇（DAPI），4℃避光保存。

5.4.2.4 杂交后代PCR分析

①DNA提取：DNA提取试剂盒。

②PCR：TaKaRa ExTaq DNA聚合酶。

③标记引物：共23个SSR标记物（PSMP2006、2008、2043、2056、2059、2078、2084、2090、2227、2231、2233、2237、2246、2248、2251、2255、2263、2266、2267、2270、2271、2273和2274）和5个STS标记（PSM305、345、716、737和870；小米基因）用于检测7个珍珠粟连锁类群（表5-1）。

表5-1 用于检测7个珍珠粟连锁群的标记引物列表

标记名称	连锁群	引物序列（5′-3′）
PSMP2006	1	GACTTATAGTCACTGGGAAAGCTC_ GCTTTAATAACTTTGTGCGTATT
PSMP2090	1	AGCAGCCCAGTAATACCTCAGCTC_ AGCCCTAGCGCACAACACAAACTC
PSMP2246	1	CGGATGCTAAATTAACCGAAGC_ CCAGCTTGCTTCTGTTGCGTTC

（续表）

标记名称	连锁群	引物序列（5′–3′）
PSMP2273	1	AACCCCACCAGTAAGTTGTGCTGC_GATGACGACAAGACCTTCTCTCC
PSMP2059	2	GGGGAGATGAGAAAACACAATCAC_TCGAGAGAGGAACCTGATCCTAA
PSMP2231	2	TTGCCTGAAGACGTGCAATCGTCC_CTTAATGCGTCTAGAGAGTTAAGTTG
PSMP2237	2	TGGCCTTGGCCTTTCCACGCTT_CAATCAGTCCGTAGTCCACACCCCA
PSMP2255	2	CATCTAAACACAACCAATCTTGAAC_TGGCACTCTTAAATTGACGCAT
PSMP2056	3	ACCTGTAGCTTCAAAATTCAAAAA_AATTCAGTGTGATTTCGATGTTGC
PSMP2227	3	ACACCAAACACCAACCATAAAG_TCGTCAGCAATCACTAATGACC
PSMP2251	3	TCAAACATAGATATGCCGTGCCTCC_CAGCAAGTCGTGAGGTTCGGATA
PSMP2267	3	GGAAGGCGTAGGGATCAATCTCAC_ATCCACCCGACGAAGGAAACGA
PSM305	4	TTGTCAGATTAATGTAATTATGCTAGG_TTGCTATGTGATATATTGTATGTCTAGATG
PSM716	4	ACTTGCCGATCCAACTAACG_TTGAAAAACCTTCGATTCCG
PSMP2008	4	GATCATGTTGTCATGAATCACC_ACACTACACCTACATACGCTCC
PSMP2084	4	AATCTAGTGATCTAGTGTGCTTCC_GGTTAGTTTGTTTGAGGCAAATGC
PSM345	5	CTGGGGGAGAGAGAAGGG_AAAAGGCTGGGAGAGTAGGC
PSMP2078	5	CATGCCCATGACAGTATCTTAAT_ACTGTTCGGTTCCAAAATACTT
PSMP2233	5	TGTTTTCTCCTCTTAGGCTTCGTTC_ACCTTCTCCGCCACTAAACAACT

（续表）

标记名称	连锁群	引物序列（5'–3'）
PSMP2274	5	CACCTAGACTCTACACAATGCAAC_AATATCAAGTGATCCACCTCCCAA
PSM737	6	ATGCTTTTCCCCCGCTATCA_TCCTAGCAAGCTCGCATAAGA
PSM870	6	TGGAACATCTGAAGTGCCTCA_GGAGCTAAGCATAGAAGCAGCA
PSMP2248	6	TCTGTTTGTTTGGGTCAGGTCCTTC_CGAATACGTATGGAGAACTGCGCATC
PSMP2270	6	AACCAGAGAAGTACATGGCCCG_CGACGAACAAATTAAGGCTCTC
PSMP2043	7	TCATATTCTCCTGTCTAAAACGT_CACAAATCGTACAAGTTCCACTC
PSMP2263	7	AAAGTGAATACGATACAGGAGCTGAG_CATTTCAGCCGTTAAGTGAGACAA
PSMP2266	7	CAAGGATGGCTGAAGGGCTATG_TTTCCAGCCCACACCAGTAATC
PSMP2271	7	CCTTATATTGGACCGACTGCTGAC_CTCCCCCATACACGAGCGAGAA

5.4.3 实验方法

5.4.3.1 植物培养条件

燕麦种植在直径18 cm花盆中，白天15℃，夜晚5℃，每天光照10 h条件下培养4周。白天20℃，夜晚15℃，每天光照10 h条件下培养4周，白天25℃，夜晚20℃，每天光照14 h条件下培养直至开花。珍珠粟种植在直径27 cm的花盆，在白天25～30℃，夜晚20℃，16 h光照条件下培养直到开花。

5.4.3.2 燕麦和珍珠粟杂交步骤

①当燕麦有少量小穗抽出时，在自旗叶向下第二节下方5 cm处，将其剪下。留取穗中部的15~20个小穗，其余小穗剪除。

②用镊子将小穗的第一朵小花去除，用剪刀剪下剩余小穗的上半部分，去除雄蕊后用玻璃纸袋套住。

③将燕麦穗放入盛有穗培养液的500 mL塑料瓶中，每瓶最多放置15个穗。

④用塑料袋盖住穗子保湿。将盛有穗子的瓶子4℃水浴，并置于23℃培养箱中连续光照（光强大约3 000 lx）。

⑤去雄后3 d，用新鲜的珍珠粟花粉授粉，用塑料袋覆盖保湿。相同的条件下继续培养12 h。

⑥授粉12 h后，使用注射器给每个小花滴加50 μL 1×2,4-D溶液。

⑦在旗叶下方的第一个节的下方15 cm切断，放入含有穗培养基2的500 mL的塑料瓶中。保持之前培养条件继续培养。

⑧每3 d更新一次穗培养基2，在穗子放入新鲜培养液之前，要先用流水清洗茎的切口和表面。

5.4.3.3 胚胎离体培养

①授粉后14 d，用70%的乙醇消毒1 min，用1%的次氯酸钠消毒10 min。

②然后用蒸馏水冲洗未成熟胚3次，每次1 min。

③用镊子和解剖刀，利用体式显微镜辅助，切下胚胎，将盾片向下放置在胚胎培养基上，20℃无菌条件下黑暗培养。

④一旦胚芽发育，将培养皿转移到12 h光照（2 800 lx）/12 h黑暗的生长室，持续温度为20℃（杂交后代幼苗在光照下会出

现坏死症状，可以黑暗条件下人工培养数月）。

⑤2~3周后，将幼苗转移到装有胚培养基的育苗盒中，在相同条件下继续培养2~3周。

⑥将植物移栽到土壤中，用塑料袋覆盖几天，以防止萎蔫。

5.4.3.4 细胞观察装片制备

①将小花或植物用10 mL的固定溶液在室温下固定7 d。

②将小花中的胚或植物分生组织部分切下，置于50%乙醇中，室温浸泡1 h。

③在体式显微镜下用镊子进行解剖。

④将胚或植物分生组织部分放在载玻片上。

⑤在室温下用一滴蒸馏水清洗材料5 min，然后小心地将水吸走。

⑥保湿条件下，37℃下酶解处理胚胎或植物分生组织。

⑦小心移除酶溶液，加入15 μL 45%的醋酸，使组织完全浸泡在醋酸滴中。

⑧用22 mm×22 mm盖玻片盖住醋酸滴中的组织，用木质针轻轻拍打盖玻片，使细胞分散。

⑨将装片在酒精灯火焰上烘烤几秒。

⑩将滤纸覆盖在盖玻片上，用手指小心地施加压力挤压细胞。

⑪将装片放在-80℃下冷冻过夜，然后用刀片去除盖玻片。

⑫最后，将装片在室温下风干几个小时。

5.4.3.5 用于GISH和FISH的DNA标记

①珍珠粟细胞多糖含量较高，总基因组DNA采用合适的试剂盒提取。

②用NanoDrop检查基因组DNA浓度，并用1%凝胶电泳检查

DNA质量。高质量的基因组DNA对DNA标记的效率至关重要。用蒸馏水调节最终基因组DNA浓度为1 μg/μL。

③采用超声法或高压灭菌法制备约300 bp大小的基因组DNA片段。

④采用随机引物法，用荧光素-12dUTP标记珍珠粟基因组DNA（用于GISH探针）。在1.5 mL离心管中将30 μL蒸馏水和3 μL片段化的珍珠基因组DNA混合。

⑤将离心管沸水浴5 min，然后在冰上冷却5 min。

⑥向管中加入5 μL 10×Klenow片段缓冲液，5 μL dNTP Mix（不含dTTP），5 μL随机引物混合（10 μmol/L），1 μL Klenow片段（5个单位）和1 μL荧光素-12dUTP，混匀，37℃孵育过夜。

⑦孵育后，加入5 μL 3 mol/L醋酸钠和50 μL异丙醇于管中混合均匀，然后在-20℃冰箱中静置1 h。

⑧用4℃离心机以最大转速离心30 min，去上清，用70%乙醇洗涤DNA探针沉淀2次。

⑨将DNA沉淀在37℃下干燥几分钟后，用25 μL无菌蒸馏水溶解。将探针存储在-20℃冰箱。

⑩用PCR方法，通过四甲基罗丹明-5-dUTP标记珍珠粟着丝粒特异性串联重复序列。反应体系为：36.8 μL蒸馏水，5 μL 10×Taq缓冲液，4 μL dNTP Mix（不含dTTP），正反向引物（10 μmol/L）各1 μL，以及1 μL珍珠粟基因组DNA（50 ng/μL），1 μL四甲基罗丹明-5-dUTP和0.2 μL Takara ExTaq DNA聚合酶（5 U/μL）。

⑪PCR反应条件为：94℃变性5 min；94℃反应30 s，57℃下引物结合30 s，35个循环；最后在72℃下延长7 min。

⑫将PCR产物用前述沉淀基因组DNA探针的方法进行沉淀，并

溶解于25 μL无菌蒸馏水。将探针存储于-20℃冰箱。

5.4.3.6　原位杂交检测杂交后代

①用染色体DNA变性溶液在室温下使染色体DNA变性5 min。

②在室温下依次用70%、90%和无水乙醇进行脱水。

③在室温下将玻片风干几分钟。将杂交液在沸水中变性5 min，然后冰水冷却5 min。

④在风干的玻片上滴加10 μL杂交液，并用22 mm×22 mm的盖玻片覆盖。封胶后，在37℃的湿润条件下孵育过夜。

⑤取下盖玻片，用玻片洗涤缓冲液洗涤玻片5 min，然后再用2×SSC缓冲液在室温下洗涤5 min。

⑥在室温下依次用70%、90%和无水乙醇对玻片进行脱水，然后在室温下风干几分钟。

⑦用8 μL的核酸染色溶液对玻片进行复染，并用22 mm×22 mm的盖玻片覆盖。

⑧使用荧光显微镜和CCD相机拍照。

5.4.3.7　PCR方法检测杂交后代

①提取幼苗的DNA。

②配制50 μL的PCR反应体系，包括：50 ng模板DNA、0.2 μL TaKaRa ExTaq DNA聚合酶（5 U/μL）、5 μL 10×ExTaq缓冲液、正反向引物（10 μmol/L）各1 μL，以及4 μL dNTP混合物（每种2.5 μmol/L）。

③进行PCR反应，首先进行初始变性步骤，在94℃下持续5 min；然后进行35个循环，每个循环包括在94℃下持续30 s、57℃下持续30 s和72℃下持续30 s；最后进行终延伸步骤，在72℃下持续7 min。

④使用3%的琼脂糖凝胶对扩增子进行凝胶分离，随后用溴化乙啶染色以使条带可视化。

5.5 诱变育种

5.5.1 定义

诱变育种（Mutation Breeding）是一种利用物理、化学或生物因素诱导生物体（如植物、微生物等）发生基因突变，进而从突变群体中筛选出具有优良性状的个体，并通过育种程序培育成新品种的育种方法。

5.5.2 诱变育种方法

5.5.2.1 化学诱变

化学诱变则是利用化学诱变剂处理植物材料。化学诱变剂的种类很多，如烷化剂、亚硝基化合物、叠氮化合物、碱基类似物、抗生素、轻胺等。目前，在这些化学诱变剂中，研究和应用最为广泛的主要是烷化剂，主要有EMS、NaN_3、DES和甲基亚MNU等。这些烷化剂的诱变作用主要是通过自身带有的一个或多个不稳定的烷基置换DNA分子上的氢原子，改变基因的分子结构，从而造成基因突变。这种置换主要发生在碱基的N1、N3、N7位置上。目前，在植物突变体创建中，应用最多的烷化剂是EMS。

确定合适的诱变剂量是诱变成败的关键环节。不同作物都有一定范围的适宜剂量，在适宜剂量范围内，能更多地产生新的变异，保持原有的优良性状。在育种实践中，一方面参考前人的育种经验，另一方面通过试验摸索。常用临界致死剂量（被诱变生物体存活率为40%的剂量）或半致死剂量（被照射生物体存活率为50%的剂量。

诱变亲本材料的选择在诱变育种中有着重要作用。由于EMS诱变育种的主要特点是对少数不利性状进行改良，因此需要根据育种目标选用具有较好的综合性状、只需进行少数性状改进的亲本作为材料，一般可选用当地推广的良种或育种高世代品系进行诱变。此外，对诱变组织和器官的选择应以便于操作，并且使诱变因素发挥最大效应为原则，一般可选用最容易处理、对诱变最敏感的部位进行诱变处理。

（1）甲基磺酸二乙酯（EMS）诱变育种

EMS属于烷化剂诱变最常用的一种，诱变率很高。烷化剂通常带有一个或多个活性烷基，此基团能够转移到其他电子密度高的分子上去，使碱基许多位置上增加了烷基，从而在多方面改变氢键的能力。常用浓度0.05～0.5 mol/L，作用时间5～60 min。EMS诱变过程主要通过两个步骤来完成：首先鸟嘌呤的氧原子位置被烷基化；然后在DNA复制过程中，烷基化鸟嘌呤与胸腺嘧啶配对，导致碱基替换，即G：C变为A：T。EMS的诱变效应可用"两高一广"来评价，即：效率高、频率高、范围广。EMS化学诱变产生点突变的频率较高，而染色体畸变相对较少，可以对作物的某一种特殊性状进行改良。此外它可以产生范围较广的突变类型，如：转换、颠换等。该物质具有强烈致癌性和挥发性，可用5%硫代硫酸钠作为终止剂和解毒剂。

①材料：

A. 植物材料：均匀一致的燕麦种子。

B. 试剂：

准备EMS（甲基磺酸乙酯）溶液，通常浓度为0.4%（V/V）或根据实验需求调整。

0.1 mol/L硫代硫酸钠溶液：取24.818 g硫代硫酸钠到ddH_2O中，至终体积1 L。

1 mol/L磷酸氢二钾：87.085 g磷酸氢二钾溶解到双蒸水中，定容到500 mL。

1 mol/L磷酸二氢钾：68.045 g磷酸二氢钾溶解到双蒸水中，定容到500 mL。

0.1 mol/L磷酸缓冲液（pH 7.5）：取86.6 mL 1 mol/L磷酸氢二钾，13.4 mL 1 mol/L磷酸二氢钾，加入ddH_2O至终体积为1 L，调pH到7.5。

EMS溶液（0.2%）：将EMS放在冰上，以减少挥发，在通风橱中取1 mL EMS加入500 mL磷酸缓冲溶液（pH 7.5）中。

EMS无害化试剂：1 mol/L NaOH。

此为废液解毒液，准备2个1 L瓶子，提前分别加入40 g NaOH固体。

②实验方法：

种子处理：将燕麦种子用双蒸水洗涤干净，并在冷水中浸泡过夜，以使种子吸水膨胀。

EMS处理：诱变之前在通风橱以及摇床能接触到的区域铺上黑色塑料袋，防止洗的过程中溶液撒出污染通风橱。将水倒出，先倒入500 mL 0.1 mol/L磷酸缓冲，洗种子，离心然后倒出，为了不减少EMS浓度，尽量吸净多余液体，倒入500 mL 0.2% EMS溶液用paraffine film膜封口，室温下摇床晃动8~16 h，封膜后再外套两层自封袋，如有漏液，也不会污染通风橱。

洗涤：排干EMS溶液，倒入0.1 mol/L硫代硫酸钠溶液洗种子5次，每次8 min，之后用流水冲洗种子以去除残留的EMS，然后晾干。

③注意事项：

A. 从第二步开始要在通风橱内操作；

B. 所有倒出的溶液放在装有NaOH的1 L瓶子中，提前加入40 g NaOH固体，最终体积加到1 L，使NaOH终浓度到1 M；

C. 接触过EMS的手套、枪头、瓶子、纸巾等都要用1 M NaOH处理。

（2）叠氮化钠诱变育种

①材料：

A. 植物材料：均匀一致的燕麦种子。

B. 试剂：

0.1 mol/L pH=3的磷酸缓冲溶液：取100 g磷酸二氢钾，溶于800 mL蒸馏水中，彻底溶解后用盐酸调pH=3，稀释至1 L。

②实验方法：

A. 燕麦种子预处理：取大小一致、籽粒饱满的燕麦种子放入玻璃杯中，加蒸馏水淹没种子，置于4 ℃冰箱吸胀14 h。

B. 叠氮化钠诱变处理：取出后室温放置4 h，沥干水分，加入100 mL磷酸缓冲液（pH=3）。之后加入NaN_3溶液（10 mmol/L）。置于恒温培养振荡器中（25 ℃、150 r/min）处理2 h。

C. 洗涤：处理结束后流水冲洗2 h，沥干水分，置于4 ℃冰箱12 h待用。

D. NaN_3废液无害化处理：加入过量的次氯酸钠即可达到无害化处理。1 L 10 mmol/L NaN_3溶液需要10 mL以上次氯酸钠饱和溶液处理。反应公式如下：

$NaClO+2NaN_3+H_2O==NaCl+2NaOH+3N_2\uparrow$

（3）甲基亚MNU诱变育种

①材料：

A. 植物材料：均匀一致的燕麦种子。

B. 试剂：N-甲基-N-亚硝基脲（MNU），pH=7的磷酸缓冲液。

②方法步骤：

燕麦种子预处理：选取籽粒饱满、大小一致的种子放入网袋中，在4℃下用蒸馏水浸泡12 h，取出后在室温沥干4 h。

诱变剂MNU处理：用pH=7的磷酸缓冲液配制浓度为0.20%~0.30%MNU工作液。将吸胀的燕麦种子加入MNU工作液，置于摇床，轻柔振荡处理8~11 h，然后用流水冲洗4 h后沥干水分备用。

种子萌发：将经诱变剂处理的燕麦种子均匀摆放到垫有双层滤纸的培养皿中，然后置于20~25℃、12 h光照/12 h黑暗、湿度70%~80%恒温培养箱中进行发芽试验。统计每天种子发芽数，第5 d测定发芽势，第10 d试验结束后测定发芽率，统计相对致死率。

5.5.2.2 物理诱变

物理诱变主要是通过物理方法，如射线、激光微束、离子束、微波、超声波、热力等方法引起植物体内产生可遗传的变异。它主要是通过这些离子束对植物体内的DNA进行作用，使得DNA发生片段丢失、异位、倒位等。常用的物理诱变剂，包括X射线、γ射线、α射线、β射线、中子、质子以及紫外线等，根据诱变作用特点可分为电离辐射和非电离辐射，前者导致DNA分子上的原子（基团）发生电离，后者不足以产生电离作用。

燕麦种子γ射线辐射诱变的半致死剂量一般在300 Gy左右。γ射线辐射剂量超过500 Gy，大部分种子会被杀死，导致种子萌发率显著下降。

空间诱变。空间诱变利用太空中的特殊环境，如宇宙高能离子辐射、微重力、高真空等，诱发种子产生显著的基因变异，且变异频率高、幅度大，同时变异稳定快，易于快速培育出新品种。我国早期的空间诱变是以卫星为载体进行的,随着我国航天技术的快速发展,空间诱变可在空间站中进行。科研人员可与相关机构合作申请航天育种搭载试验。

5.5.3 诱变种子的种植与后代筛选

诱变种子的种植和后代筛选流程基本一致,总结如下:

种植与观察:将诱变处理后的种子在培养皿中萌发,然后移栽到花盆中或田间,也可直接种植于试验基地或试验田中,按照一定行距和株距进行播种。对M_1代种子进行单粒播种,并按单穗收获M_2种子。田间管理按一般试验田进行,定期观察记载幼苗、叶形、茎、分蘖、穗部、育性等性状,筛选各种表型突变体。

后续分析:对M_2代种子进行详细的农艺性状及其他生物学性状调查,记录突变类型及频率。可以利用外显子组测序等技术对诱变株进行进一步的基因型分析,以检测突变位点和等位变异。

根据突变体的表现型和基因型,选择具有优良农艺性状和抗逆性的突变体进行进一步的研究和利用。

5.6 双单倍体育种

5.6.1 双单倍体育种定义

双单倍体育种(Doubled Haploid Breeding,DH育种)是一种通过诱导产生单倍体植株,再经过染色体加倍处理获得纯合双单倍体植株,进而快速培育出纯合新品种的育种技术。双单倍体(DHs)是加速新作物品种选育的重要手段。燕麦双单倍体可通过玉米花粉授粉创制。接受玉米花粉受精的燕麦幼胚会将玉米的染色体消除,胚细胞中只留下了卵细胞中的单套染色体。通过"胚胎拯救"技术对这些胚胎进行培养,就可以产生单倍体植株,用秋水仙碱对单倍体幼苗进行加倍,即可获得双单倍体燕麦植株。具体创制过程如下。

5.6.2 燕麦双单倍体株系的创制方法

5.6.2.1 材料准备

(1)植物培养条件

①为了保证试验结果一致性,最好在环境可控的空间种植燕麦和玉米。可以使用钠蒸气或金属卤化物灯进行加光处理,光强设为400 μE/(m^2·s),通常钠蒸气灯更有利于燕麦的生长。

②将植物播种在直径20 cm的花盆中,培养基质中可加入适量缓释肥,并且每周施用一次营养液(每升营养液包含0.5 g磷酸盐,N:P:K=14:4.4:22.5,以及微量元素)。

③培养基质成分为:1 200 L灭菌沙子、750 L泥炭、1 kg氢氧化钙、1.8 kg碳酸钙和2 kg肥料(N:P:K=12:5:14)。

(2)种质要求

①任何燕麦基因型都可用,但有些基因型更容易成功。

②大多数甜玉米品种可以用作传粉者,但早期超甜F1或GloryF1的效果更好。

(3)杂交及后续处理所需用品

①镊子和剪刀,透明的玻璃纸袋(约10 cm×25 cm),用于去雄后套袋。

②硫酸纸和小毛刷,用于玉米花粉的收集和授粉。

③小喷壶,用于授粉后喷洒生长调节剂(二氯苯氧乙酸)。

④二氯苯氧乙酸溶液(100 mg/L)。配制方法:称取100 mg二

氯苯氧乙酸，用10 mL乙醇溶解，然后加水定容至1 L。

（4）培养基配制

①B5基础培养基：

溶液A：取500 mL超纯水倒入烧杯，加入20 g蔗糖，搅拌至溶解。添加2.4 g B5含有机物基础培养基（Sigma）搅拌至溶解。用1 mol/L KOH将pH调整为6.0。

溶液B：向1 L烧杯中加入10 g琼脂和500 mL蒸馏水，用磁力搅拌器加热搅拌，直至琼脂全部溶化。

②当溶液B澄清时，加入溶液A并完全混合。

③将混合溶液分装到组培试管中，每管约10 mL，并在121℃下高压灭菌15 min。

④高压灭菌后，将组培管45°角倾斜放置，然后自然冷却至室温。

（5）胚拯救

①超净工作台和无菌体式解剖显微镜。

②表面消毒用品：乙醇（70%）、漂白剂（1%活性氯）、无菌蒸馏水和无菌小烧杯。

③镊子，90 mm无菌培养皿。

④装有B5培养基的无菌管。

⑤切除的幼胚培养条件：22~24℃下，光周期16 h，光强度为50 μE/（m²·s），持续培养2~3周。

（6）幼苗移栽

①用于将幼苗从琼脂培养基上取下的大镊子（注意不要损伤幼苗根系）。

②直径75 mm的花盆，装花盆的托盘，用于幼苗保湿的塑料薄膜。

（7）染色体加倍

①染色体加倍用品：通风橱、玻璃烧杯、抽气泵和二甲基亚砜（DMSO）溶液。

②直径75 mm的花盆用于重新移栽秋水仙碱处理过的植株。

③带有排水孔的塑料盒子，装入一半体积的土壤，用于DH株系的二次移栽。

④秋水仙碱原液：在通风橱中，将2 g秋水仙碱溶解在500 mL水中，配置成0.4%（W/V）的秋水仙碱溶液，4℃保存。

⑤配制0.2%秋水仙碱溶液：将40 mL秋水仙碱原液与40 mL水混合，加入1 mL DMSO。

5.6.2.2　方法

（1）植物培养

①种植燕麦的培养间温度设置为白天17℃/夜晚14℃，光周期为白天14 h/夜晚8 h，光照强度为400 μE/（m^2·s）。使用上文所述的培养基质，将燕麦种植在直径20 cm的花盆中，每两周施用一次培养液。

②玉米的培养温度为22℃，每天光照时长为16 h，其他条件和燕麦相同。

（2）杂交

①在开花前1~2 d，用镊子将燕麦小花去雄。注意，去雄时尽量减少对雌蕊的伤害。用玻璃纸袋套住去雄后的穗子。2~3 d后，雌蕊呈现羽毛状后，就可以对其进行授粉。

②在采集花粉前30 min，轻轻摇晃玉米雄穗，抖落已经失活的花粉。每隔30 min摇晃一次玉米雄穗，将花粉抖落到锡箔纸上。

③收集到新鲜玉米花粉后，立即进行授粉，用小毛刷将新鲜的玉米花粉涂在雌蕊上。然后用玻璃袋套住已授粉的穗子，防止异交

发生。

④授粉后第1 d，向小穗喷洒麦草畏水溶液（100 mg/L），第2 d再重复喷洒一次。

⑤授粉后13~15 d，将穗剪下，放入装满水的烧杯中。

⑥最好剪下穗的同一天取出幼胚进行培养，如果不能立即培养，穗可以在4℃保存7 d。

（3）胚拯救

①用镊子取下燕麦带壳籽粒放入灭菌培养皿中。

②未成熟胚的表面消毒：用70%乙醇中清洗30 s，然后用10~15 mL次氯酸钠（含1%活性氯）清洗5 min，然后用无菌蒸馏水彻底冲洗干净。

③使用超净台中的解剖显微镜，用镊子将未成熟胚从颖壳中切下取出，并放入装有B5培养基试管中。

④4℃下将未成熟胚光照培养2 d，然后转至室温下黑暗培养2 d。最后转移到培养箱中培养，培养箱温度设置为22~24℃，16 h光周期，光强50 μE/（m^2·s），持续培养2~3周。

（4）幼苗移栽

①当胚胎萌发并长出根后，将幼苗移栽到直径为75 mm的花盆中，并用透明保鲜膜覆盖保湿。培养温度为白天17℃/夜晚14℃，每天光照14 h。

②保湿3~5 d后揭开保鲜膜，在移栽3周后准备用秋水仙碱处理。

（5）染色体加倍

①当燕麦单倍体植株长出第三个分蘖时，从花盆中取出植株，洗净根，清除所有土壤，将根修剪到2 cm长，并将植株地上部修剪掉1/3。

②将处理好的植株放到250 mL玻璃烧杯中，加入0.2%秋水仙碱溶液以及DMSO，在室温光照条件下，用充气泵向溶液中持续充气3 h。光照对这一过程具有促进作用。确保根完全浸没在秋水仙碱溶液中。

③秋水仙碱处理完成后，用流水冲洗1 h，然后移植到75 mm的花盆中培养至种子成熟。

（6）成株培养

①为了使植株产生足够的种子，将75 mm的花盆放置在装有一半土壤的塑料托盘中。为根系的生长提供足够的土壤。塑料托盘要有排水孔，以使多余的水能够排出。

②控制温室温度为白天21℃/夜晚16℃，继续培养双单倍体植株，直到收获种子。

5.7　多倍体燕麦创制方法

异源多倍体是指由两个或多个物种杂交形成的，其染色体组包含的一套或多套基因组的植物。在小麦中已完成了合成六倍体小麦的研究，人工合成六倍体小麦的多种性状都得到了改良，且相关基因已被鉴定、定位并转移到普通小麦上进行应用。然而，与合成小麦不同的是，燕麦的合成多倍体物种并不适合进行新品种的培育。但是可用于研究野生种和栽培种间的基因组亲和性、不同基因组间的易位机制、抗病育种以及多倍体进化机制等。本部分内容描述了一种合成多倍体燕麦的方法，并提出了基于燕麦属内物种之间的遗传关系来指导外来基因引入栽培品种的程序方法。为了克服F_1杂种不育的障碍，可以通过胚拯救和秋水仙碱处理。

5.7.1 材料

5.7.1.1 不同倍性燕麦种质资源

①二倍体燕麦：如 *A. prostrata*，*A. longiglumis*，*A. atlantica*，*A. canariensis* 和 *A. damascena* 等。

②四倍体燕麦：如 *A. abyssinica*，*A. barbata*，*A. vaviloviana*，*A. magna*，*A. murthyi* 和 *A. insulalis*，*A. agadiriana* 等。

③六倍体燕麦：如 *A. sativa* 和 *A. byzantina*。

5.7.1.2 燕麦杂交用品

小剪刀、尖头钳子、玻璃纸袋、别针或回形针、小标签、70% 乙醇。

5.7.1.3 胚拯救B5培养基

2 500 mg/L KNO_3，150 mg/L $CaCl_2·2H_2O$，250 mg/L $MgSO_4·7H_2O$，134 mg/L $(NH_4)_2SO_4$，150 mg/L $NaH_2PO_4·H_2O$，0.75 mg/L KI，3.0 mg/L H_3BO_3，10 mg/L $MnSO_4·H_2O$，2.0 mg/L $ZnSO_4·7H_2O$，0.25 mg/L $Na_2MoO_4·2H_2O$，0.025 mg/L $CuSO_4·5H_2O$，0.025 mg/L $CoCl_2·6H_2O$，43 mg/L Fe-EDTA，2%蔗糖，100 mg/L 肌醇，1.0 mg/L 烟酸，1.0 mg/L 盐酸吡哆醇和10 mg/L 盐酸硫胺素，调pH至5.5。

5.7.2 方法

5.7.2.1 不同倍性燕麦的杂交组合选配

不同倍性燕麦种之间的人工杂交成功与否，取决于父母本之间花器官形态差异，生殖隔离程度以及多种环境因素。其中，母本是卵子供体，是杂交种形成的基础。同时，父本花粉的活力、成熟程度以及授粉时机决定了杂交能够成功的关键。可查阅文献在前人研究基础上选择杂交组合，或根据资源可获得性决定研究哪些杂交组合。

5.7.2.2　花的健康状态与杂交

①在温室或生长箱中培养燕麦，并保证不同倍性的燕麦都能在各自的最适环境下生长。

②一般而言，在温室或培养箱培养条件下，在一年中的任何时段都可以进行杂交。但是最好在春季进行杂交。

③在高纬度地区，即使是白天天气晴好的情况下也要对植株进行加光处理，保证每天 13 h 光照。

④为了方便杂交，燕麦植株最好种植在花盆中，杂交时可将燕麦移动到方便操作的环境中进行。

5.7.2.3　调节花期

育种者需要了解测试物种的开花习性，包括从播种到开花需要多长时间，开花持续时间，花药开裂和授粉的机制以及一天中花药大规模散粉的时间等。

①根据已知生育期调整播期，分批次种植，保证父母本花期相遇。

②对于光周期敏感的种，要维持长日照条件，以保证其适时开花。

③对于早熟品种可以延迟播种，或者通过调节培养温度，种植密度等调节花期。如果开花过早，还可以将先抽穗的分蘖剪除，等待新分蘖开花。

5.7.2.4　去雄

①通常挑选10朵小花，将颖壳顶部1/3剪除，方便去雄和授粉。

②先抽出的小花会先散粉，去雄可以在1 d中的任何时候进行，但需保证小花中的花药尚未散粉。

③用 A. barbata 作为杂交父本时较为难操作，因为其花药很小，而且是在半夜散粉。

5.7.2.5　授粉

①理想的授粉条件是气温不能太高，中等或偏低较好。一般气温为白天25～30℃，夜晚20～25℃授粉较为合适。

②田间自然条件下，燕麦一般在下午散粉。温室条件下则通常在黎明晚些时候或下午早些时候散粉。用镊子将成熟的花药放入去雄的小花中，轻轻敲击，使花粉散落在雌蕊上。

③所有小花授粉完毕后，对整个穗进行套袋，以保证湿度。授粉后精心浇水，利于实验成功。

5.7.2.6　胚拯救

不同倍性燕麦之间的远缘杂交产生的杂交胚，如果出现败育，则需要进行胚拯救。二倍体和四倍体燕麦杂交时，有概率获得正常发育的胚，可不需要胚拯救。

①将未成熟胚从小花中取出，然后利用植物组织培养技术使其完成发育。

②授粉后需要在2周内对未成熟胚进行拯救培养。通常胚的发育是在种子成熟时终止。发育中的胚处于异养状态，完全依赖胚乳提供养分。

③无菌环境下，将幼胚放在上述B5培养基中进行培养，培养基中不添加生长素和细胞分裂素。

5.7.2.7　染色体加倍

可采用秋水仙素水溶液浸泡植株或喷洒、涂抹在植物体上的方式进行体细胞加倍。

①在三叶期,将植株跟冠部以下浸泡在0.1%的秋水仙素水溶液中(含1%二甲基亚砜和几滴吐温20),浸泡24 h。

②将染色体加倍处理后的植株用流水冲洗干净后,移栽到花盆中。

③在温室中培养,自交繁殖产生种子。

④多倍体鉴定可通过叶片形态、育性、细胞大小以及保卫细胞中叶绿体数量等方面。

⑤经过加倍处理的幼苗,通常会长出多倍体分蘖,可通过染色体计数来判定。去除原有的未加倍分蘖,防止营养竞争,影响加倍分蘖的发育。

5.7.2.8 体细胞染色体计数

合成多倍体燕麦的染色体数目可以通过对体细胞组织细胞中染色体数目进行统计来确定。通常从培养皿中萌发的幼苗上切下的根尖(1~2 cm长)比从盆栽植物上采集的根尖效果更好。

①预处理:将根尖用冰水(0℃)预处理24 h,或用0.002 mol/L的8-羟基喹啉在18℃下处理2~3 h。

②固定:先用新鲜的卡诺氏固定液(乙醇:乙酸=3:1)固定12~24 h,以减少细胞质的染色。

③储存:如果材料不立即用于染色,可将其储存在0~4℃的70%酒精中,但储存超过3个月后,固定和染色效果会受影响。

④染色:将预处理和固定后的根尖在60℃下用1 mol/L盐酸处理12 min。用自来水彻底冲洗后,将酸解后的根放入Feulgen染色剂中几分钟,然后即可在45%乙酸或2%醋酸洋红液中进行压片。也可以直接将样品浸入醋酸洋红溶液中染色5~10 min。

⑤展片:将放置样品的玻片或瓶子在明火上加热使细胞软化。

之后，将样品置于载玻片上，并用盖玻片覆盖。在盖玻片上盖上一层滤纸，然后将镊子或解剖针倒过来，用粗的一端轻轻敲击放置样本的部位使细胞铺展开。观察制备好的样本，检查是否存在前期或中期染色体并计数。

5.7.2.9 减数分裂观察

（1）采样最佳时期

花序发育阶段对采样结果至关重要。最佳的观察减数分裂时期因生长条件和基因型而异，通常最佳采样为旗叶出现（2~3 cm）时。

（2）样本固定与储存

固定方法：幼穗用卡诺氏液（6∶3∶1；酒精-氯仿-乙酸）固定数天。

储存条件：70%酒精中，4℃保存。

（3）花药的定位

花药的发育时期是沿着穗轴和小穗轴顺序发育的。因此以小穗为单位定位查找花药。

（4）染色体特性与染色观察

分裂中期染色体易粘连，难以获得良好展片效果。在二价体时期观察效果比分裂中期要好。为了降低染色体之间的黏性，可延长样品在70%酒精中的储存时间，并使用酒精盐酸-洋红染色代替胭脂红染色。

5.8 分子标记辅助选择育种技术

5.8.1 定义

分子标记辅助育种是利用分子标记与决定目标性状基因紧密连锁的特点，通过检测分子标记，即可检测到目的基因的存在，达到选择目标性状的目的，具有快速、准确、不受环境条件干扰的优点。

生物育种实际上是基因经过重组、分离后，经历人工选择的过程。在育种选择的过程中，往往不能直接筛选出具有产量和抗性等重要性状的植株，需要耗费大量的人力物力和时间成本开展大量的后代性状观测。人们为了快速选择出具有目标性状的后代，发现了一些与目标性状紧密连锁的标记性状。目标性状和标记性状同时出现，这样人们只需要观测标记性状就可以选育出具有目标性状的后代。然而，可用的形态标记十分有限，不能被广泛应用于大部分性状。

随着分子生物学的迅猛发展，在人们认识到遗传物质和性状之间的密切关联后，发展出了一系列用于标记性状的DNA分子标记。分子标记是生物遗传标记的一种。通过引物设计的不同，用PCR的方法以基因组DNA为模板扩增出相关条带，通过电泳、软件识别、分析，可用作生物遗传信息的研究。分子标记种类有很多，包括随机扩增多态性DNA标记（Random amplification polymorphism DNA，RAPD）、简单序列重复标记（Simple sequence repeat，SSR）或简单序列长度多态性（Simple sequence length polymorphism，SSLP）、扩增片段长度多态性标记（Amplified fragment length polymorphism，AFLP）、序标位（Sequence tagged sites，STS）、序列特征化扩增区域（Sequence charactered amplified region，SCAR）、限制性片段长度多态性标记（Restriction fragment length polymorphism，RFLP）、单核苷酸多态性（Single nuleotide polymorphism，SNP）、表达序列标签（Expressed sequences tags，EST）等。本书着重介绍当前应用研究较为广泛的SNP分子标记在燕麦育种中的应用。

SNP分子标记辅助育种技术主要包括群体构建、群体遗传结构分析、表型数据调查、基因分型、连锁不平衡分析、表型与基因型关联分析、标记验证和应用等方面，具体如下。

5.8.2 群体的选择与构建

GWAS分析对群体有以下要求：

①遗传多样性丰富：群体内部应存在丰富的遗传变异和表型变异，以确保GWAS能有效关联基因型与表型。

②代表性强：所选材料应能代表更广泛的群体，自然群体优于来源少量材料杂交的人工群体。

③群体结构分化适度：群体结构分化不能过于明显，如亚种以上的分化，以避免群体结构对关联分析的影响。

④样本数量充足：样本数量越多越好，质量性状要求的样本数目少于数量性状，自然群体大小至少200个样品，且每个亚群（如存在）也应有一定数量的样本。

5.8.3 表型数据调查

为了获得准确的表型数据信息，往往需要收集试验群体在多个年份以及多个地点的目标表型数据。目标性状应选取遗传力高的性状，且表型记录要准确、完整，最好在同一环境中进行表型鉴定。条件允许的情况下，每次试验设置三次重复，每次重复调查5~10株个体表型数据。表型数据调查完毕后，对性状的频率分布以及性状间的相关性进行分析，同时剔除异常样本。最后，将多年多点数据转换为最佳无偏线性预测值（Best linear unbiased predictions，BLUP），转换模型如下：

$$Y_{jkh} = m + l_k + g_i + y_n + gl_{jk} + gy_{jh} + e_{jkh}$$

式中，Y_{jkh}代表个体在h年k地点的表型观测值；m代表平均值；l_k代表k地点的效应值；g_j代表j基因型的效应值；y_n代表h年的效应值；gl_{jk}代表基因型和地点互作效应值；gy_{jh}代表基因型和年份之间的互作效应值；e_{jkh}代表残差。

5.8.4 基因分型

基因分型是指通过检测个体的DNA序列，与参考序列或另一个体的序列进行比较，从而确定遗传构成差异。获取个体基因型的检测方法有多种，其中基因芯片技术和高通量测序是目前的主流方法。通过基因分型获取测试群体中所有个体SNP信息，用于群体结构分析和全基因组关联分析。

5.8.4.1 利用基因芯片技术进行SNP分型

基因芯片技术利用高密度排列的寡核苷酸阵列，与待测DNA进行杂交，通过荧光信号检测确定SNP位点。

操作步骤如下：

①芯片制备：在玻璃或硅片上高密度排列寡核苷酸。

②DNA标记：待测DNA用荧光标记物标记。

③杂交反应：将标记的DNA点到芯片表面，进行杂交。

④信号检测：洗脱未杂交的DNA，用荧光显微镜检测荧光信号位置，确定SNP。

该技术的优点是检测成本低，但获取的SNP位点信息量有限。

5.8.4.2 利用高通量测序技术进行SNP分型

利用二代测序技术对个体进行全基因组测序或简化基因组测序，将测序结果与参考基因组进行比对获得基因组范围内的SNP信息。除了SNP，该技术还可检测小片段插入或缺失（InDel）、结构变异（SV）等变异信息。

关键步骤如下：

①样本处理：提取样品DNA，片段化，构建DNA测序文库。

②高通量测序：利用测序仪对文库序列进行测序，产生大量序列数据。

③数据分析：通过数据质控等预处理，以及比对、拼接、注释等步骤，发现变异信息。

该技术的优点是可以获得全基因组的SNP信息，但当物种基因组较大时，该方法的检测成本较高。

5.8.5 群体遗传结构分析

群体遗传结构（Population genetic structure）是指一个种内总的遗传变异程度及其在群体间的分布模式，是一个种最基础的遗传信息。它反映了种群内基因和基因型的多样性，描述了遗传变异如何在种群间分布。通过了解群体遗传结构，我们可以更深入地理解物种的遗传特征、进化历程以及种群间的遗传关系。

可使用Admixture等软件对饲用燕麦的群体结构进行分析，通过交叉验证（CV误差）评估确定最佳亚群数量（K）。将CV误差最小的聚类类型确定为最优群体结构。使用R包pophelper进行群体结构的可视化。主成分分析（PCA）使用GAPIT3进行，PCA结果通过R包ggplot2进行可视化。

5.8.6 连锁不平衡分析

连锁不平衡（LD）分析是群体遗传学中的常见内容，其原理基于两个基因非完全独立遗传时表现出的连锁现象。当两个位点上的等位基因同时存在的概率大于随机分布的概率时，即认为这两点处于LD状态。

方法步骤包括：

①数据准备：获取目标群体的基因型数据，可以是VCF、PED或MAP等格式。

②计算LD程度：利用软件（如PLINK）计算位点间的LD程度，常用指标为D′和r^2。通过比较观测到的单倍型频率与期望频率的偏差来度量LD。

③结果解读：根据D′和r^2的值判断位点间的连锁程度。D′=0或r^2=0时表示完全连锁平衡，值越大则连锁不平衡程度越高。

④可视化分析：可绘制LD衰减图等，直观展示基因组上连锁不平衡的分布和衰减情况。

5.8.7 表型与基因型关联分析

目前，全基因组关联分析技术已经被广泛应用于目标性状关联SNP开发。当前已有多种软件可以完成该分析，包括PLINK、Tassel、GAPIT、GEMMA、METAL、gwasglue等。不同软件特点总结如下：

5.8.7.1 PLINK

PLINK是一个免费的开源全基因组关联分析工具集，旨在以高效率计算的方式执行一系列基本的、大规模的分析。PLINK的重点分析对象是基因型或者表型数据，可以为后续的可视化、注释和结果存储提供一些支持。PLINK支持多种功能，包括标记过滤、样本过滤、LD计算、卡方检验、逻辑回归、简单线性回归、fisher检验等。PLINK主要适用于人类关联分析，动植物群体不建议使用该软件进行关联分析。

5.8.7.2　Tassel

Tassel是发布较早的动植物关联分析软件。Tassel可以实现的模型包括GLM（一般线性模型）、MLM（混合线性模型）、CMLM等。对于大群体、大标记量的项目，Tassel的内存消耗高，速度慢。

5.8.7.3　GAPIT

GAPIT主要是基于R环境的关联分析软件。GAPIT可以实现的模型包括GLM、MLM、CMLM、ECMLM、Blink等。对于大群体、大标记量的项目，GAPIT的内存消耗高，速度非常慢。

5.8.7.4　GEMMA

GEMMA是一个明星软件，用于实现混合线性模型（LMM或MLM）的GWAS分析。GEMMA运行速度快，语法简练，支持plink的二进制文件，是GWAS分析中广泛使用的工具之一。

5.8.7.5　METAL

METAL是GWAS meta分析最常用的工具之一。METAL可以对多个GWAS分析结果进行综合评价，通过增加样本量来提高检验效能，并有助于发现新的关联位点。METAL的安装简单，直接下载编译好的二进制文件即可使用。

5.8.7.6　gwasglue

gwasglue是一个处于实验阶段的开源R包，旨在成为连接GWAS数据读取与分析工具的桥梁。gwasglue支持从多种数据源读取GWAS数据，如IEU GWAS数据库和VCF文件，并支持多种分析工具，如finemapr、FINEMAP、PAINTOR、CAVIAR等。

5.8.8 显著关联SNP标记应用于育种

利用与目标性状显著关联的SNP标记，通过选择具有特定SNP位点的个体，快速筛选出具有优良性状的个体，培育出优良品种。经过GWAS分析筛选出的SNP标记需要进一步开发成试剂才能用于育种实践，如KASP、CAPS标记等。

5.8.8.1 KASP标记

KASP标记，即竞争性等位基因特异性PCR（Kompetitive allele specific PCR），是一种基于单核苷酸多态性（SNP）的分子标记技术。它利用特异性引物和荧光探针，通过PCR扩增和荧光检测，实现对目标SNPs和InDels的精准双等位基因分型。KASP标记具有高通量、高灵敏度、高准确性及低成本等优势，广泛应用于种质资源鉴定、群体分析、分子标记辅助育种等领域。

设计KASP标记的引物和探针是一个关键步骤，它决定了实验的准确性和灵敏度。基本的设计流程如下：

（1）选择目标SNP位点

首先，确定你想要检测的目标SNP位点。这通常基于先前的基因组研究、关联分析或育种目标。

（2）设计引物

正向引物（Forward primer）：设计一条与SNP位点上游序列互补的正向引物。这条引物应该具有较高的特异性和较低的二级结构形成潜力。

反向引物（Reverse primer）：设计一条与SNP位点下游序列互补的反向引物，同时这条引物的3'端应该紧邻SNP位点（或者距离SNP位点非常近），以便在PCR扩增时能够区分等位基因。

（3）设计等位基因特异性探针

对于每个SNP位点，设计两个等位基因特异性探针，分别对应SNP位点的两种等位基因（如A和G）。探针通常设计为与反向引物相邻，并且其3'端应该与SNP位点完全匹配。探针的5'端通常连接有不同的荧光染料（如FAM、HEX等），以便在PCR扩增后通过荧光检测来区分等位基因。

（4）优化引物和探针

长度：引物和探针的长度应该适中，通常引物长度为18~25个核苷酸，探针长度为20~30个核苷酸。

退火温度：确保引物和探针的退火温度相近，以便在PCR反应中能够同时高效地扩增和检测。

避免二级结构：使用软件预测并避免引物和探针形成二级结构（如发夹结构、二聚体等）。

特异性：使用BLAST等工具检查引物和探针的特异性，确保它们不会与非目标序列结合。

（5）验证设计

在实际实验之前，可以通过体外PCR扩增和测序来验证引物和探针的设计是否有效和准确。也可以先在小规模的样本中进行测试，以确保KASP标记的可靠性和灵敏度。

（6）调整和优化

根据实验结果，可能需要调整引物和探针的设计，如改变长度、退火温度或引入修饰基团等，以提高实验的准确性和灵敏度。

5.8.8.2　CAPS标记

CAPS标记是一种基于SNP的PCR技术与RFLP技术结合的分子标记技术。其核心在于，当某SNP恰好位于酶切位点上时，可以通过对该SNP位点设计引物，经PCR扩增后获得相应产物片段，再经酶切、电泳等步骤，最终通过观察不同的条带来判断样本的多态性。具体来说，CAPS标记的引物设计需针对SNP位点进行，且要求该SNP能影响限制性内切酶的识别。PCR扩增后，使用特定的限制性内切酶对产物进行酶切，然后通过电泳分析酶切产物的条带模式，从而确定样本的基因型。

CAPS标记具有高多态性、共显性遗传等优点，在遗传育种、基因定位等领域有广泛应用。此外，还有衍生的dCAPS标记技术，通过引入错配碱基来构建或去除酶切位点，进一步丰富了CAPS标记的应用范围。

CAPS标记的开发流程如下：

①选择目标SNP位点：基于研究目的，如抗寒性、抗病性等，通过关联分析等方法确定与目标性状显著相关的SNP位点。

②设计引物与探针：针对选定的SNP位点，设计特异性引物进行PCR扩增，并设计等位基因特异性引物，用于后续的酶切和电泳分析。

③PCR扩增：使用设计的引物对样本DNA进行PCR扩增，获得包含目标SNP位点的DNA片段。

④酶切与电泳：使用特定的限制性内切酶对PCR扩增产物进行酶切，然后通过电泳分析酶切产物的条带模式。

⑤结果分析：根据电泳结果，判断样本的基因型，从而实现对目标性状的分子标记辅助选择。

5.9 基因组选择育种

5.9.1 定义

基因组选择育种（Genomic selection，GS）是一种利用覆盖全基因组的高密度标记进行选择育种的新方法。

在当前育种实践中，研究人员发现一个或几个分子对育种群体中个体表型的预测能力是有限的。这可能是因为作物的大部分性状是由多基因决定的，甚至和植株个体的整个遗传背景密切相关。近年来，随着计算机算力的提升、大数据分析以及人工智能技术的快速发展，更得益于表型组学的发展，研究人员能够利用庞大的基因组数据和多维表型数据对全基因组范围内的分子标记与表型进行关联度预测。育种家不需要等到植株发育为成株再通过表型进行选择，在植物幼苗时期甚至是发芽阶段就可以通过基因组信息进行单株或群体选择，达到通过个体基因组信息预测个体表型的目的，实现育种加速。

5.9.2　基因组选择育种方法

5.9.2.1　材料

①植物材料：训练群体，通常为自然群体，群体多样性和大小决定了模型的准确度，具体要求见5.8.2。

②育种群体：是指通过诱变、杂交等育种手段获得的育种材料或品系等。

③试剂：基因组DNA提取试剂盒，DNA测序文库试剂盒。

④仪器：核酸测序仪。

5.9.2.2　方法

①训练群体表型搜集：和GWAS分析要求一致，训练基因组选择的模型需要收集试验群体在多个年份以及多个地点的目标表型数据，并转换为最佳线性无偏估计值（BLUEs）或最佳线性无偏预测值（BLUPs），以确保表型值的准确性。

②训练群体基因分型：利用基因芯片技术、简化基因组测序技

术以及重测序技术等，获取测试群体中所有个体SNP信息，对群体成员进行基因分型。

③基因组选择模型构建：以目标性状表型为因变量，个体基因型为自变量，其他信息（如相关组学数据、已知QTL或基因、关联性状等）为协变量，拟合线性模型或贝叶斯模型。模型拟合通常使用R软件中的ASRemL或lme4软件包进行。育种者还可以利用机器学习、深度学习等人工智能方法拟合更准确的模型。

④基因组选择模型的验证和优化：可采用五折交叉验证方法对每个模型的性能进行评估，该方法独立重复五次。在五折交叉验证中，将基因型或育种品系分为五折，其中四折用作训练集，剩余的一折被隐藏并用作候选集。通过验证结果可评估模型准确度。准确度高的模型可用于下一步育种实践，准确度低的模型则需要进一步优化调整或者直接更换模型。

⑤基因组选择育种实践：基因组选择模型构建完成以后，利用拟合好的基因组选择模型，就可以对育种群体中的候选个体进行基因组选择。提取育种群体种子或幼苗基因组DNA，经生物信息分析获得其基因组SNP数据，输入基因组选择模型，由模型输出预测育种值。通过比较候选个体的育种值大小，选择优良个体，淘汰不良个体，实现育种群体的早期选择。结合杂交实践数据，通过基因组选择模型还可以预测不同亲本杂交后代的优劣，从而指导育种家提前选出优势杂交组合。

5.10 基因工程育种

5.10.1 定义

基因工程（Genetic engineering）又称基因拼接技术和DNA重

组技术，是以分子遗传学为理论基础，以分子生物学和微生物学的现代方法为手段，将不同来源的基因按预先设计的蓝图，在体外构建杂种DNA分子，然后导入活细胞，以改变生物原有的遗传特性、获得新品种、生产新产品的遗传技术。

将体外构建杂种DNA分子导入活细胞的方法目前主要有四种，分别为基因枪转化、根癌农杆菌介导的转化、发根农杆菌介导的转化以及纳米材料递送转化。农杆菌介导的遗传转化正在逐步取代基因枪法，已成为麦类基因工程的常规方法。该方法的主要优势在于转基因位点的整合模式简单，转化效率高，技术操作简便。本文详细介绍了通过根癌农杆菌介导的叶片转化来培育转基因燕麦植株的方法。对于那些用未成熟胚或成熟胚形成再生植株比较困难的基因型而言，利用叶片为外植体进行遗传转化和创制转基因植株，可能是一个不错的选择。文中还描述了转基因植株的生化检测和分子检测方法，包括针对燕麦进行了优化的GUS组织化学检测和Southern印迹分析。

5.10.2 材料

5.10.2.1 植物材料

有萌发活力的燕麦种子。

5.10.2.2 菌株及载体

使用携带pTOK233双元载体的根癌农杆菌（*Agrobacterium tumefaciens*）LBA4404菌株。pTOK233载体包含一个抗生素基因表达框，其中*nptII*基因位于花椰菜花叶病毒35S（CaMV35S）启动子下游。*nptII*基因赋予了对氨基糖苷类抗生素卡那霉素的抗性。此外，pTOK233还携带CaMV35S启动子启动的*gus*报告基因。

5.10.2.3 基础培养基贮存液

（1）10倍MS培养基大量元素贮存液

16.5 g/L NH_4NO_3，4.4 g/L $CaCl_2 \cdot 2H_2O$，3.7 g/L $MgSO_4 \cdot 7H_2O$，1.7 g/L KH_2PO_4，19 g/L KNO_3。

（2）1 000倍MS培养基微量元素贮存液

6.3 mg/L H_3BO_3，0.025 mg/L $CoCl_2 \cdot 6H_2O$，0.025 mg/L $CuSO_4 \cdot 5H_2O$，16.9 mg/L $MnSO_4 \cdot 4H_2O$，0.83 mg/L KI，0.25 mg/L $Na_2MoO_4 \cdot 2H_2O$，8.6 mg/L $ZnSO_4 \cdot 7H_2O$。

（3）200倍螯合铁盐

7.45 g/L Na_2EDTA，5.55 g/L $FeSO_4 \cdot 7H_2O$。

（4）Gamborg B5维生素原液（100×）

成分：肌醇10 g/L，烟酸0.1 g/L，吡哆素HCl 0.1 g/L，硫胺素HCl 1.0 g/L。

存储：20 mL分装，−20℃保存；如有沉淀，37℃水浴加热后使用。

（5）2,4-二氯苯氧乙酸（2,4-D）（1 000×）

配制：0.15 g溶于10 mL 70%乙醇，定容至100 mL。

存储：4℃保存。

（6）6-苄基氨基嘌呤（BAP）（1 000×）

配制：0.1 g溶于10 mL ddH_2O，加几滴1 N NaOH助溶，定容至100 mL，过滤除菌。

存储：1 mL分装，−20℃保存。

（7）3-吲哚乙酸（IAA）（1 000×）

配制：0.2 g溶于100 mL 70%乙醇。

存储：1 mL分装，−20℃保存。

（8）生物素（1 000×）

配制：1 mg/mL ddH$_2$O溶液，过滤除菌。

存储：1 mL分装，-20℃保存。

（9）乙酰丁香酮

配制：20 mmol/L 70%乙醇溶液，0.078 5 g溶于20 mL乙醇。

存储：0.5 mL分装，-20℃保存。

（10）抗生素

潮霉素B（Hygromycin B）（1 000×）

配制：50 mg/mL ddH$_2$O溶液，过滤除菌。

存储：1 mL分装，4℃保存。

（11）硫酸卡那霉素（Kanamycin sulfate）（1 000×）

配制：50 mg/mL ddH$_2$O溶液，过滤除菌。

存储：1 mL分装，-20℃保存。

（12）特美汀（替卡西林二钠/克拉维酸钾）（Timentin）（1 000×）

配制：150 mg/mL ddH$_2$O溶液，过滤除菌。

存储：1 mL分装，4℃保存。

（13）利福平（Rifampicin）（1 000×）

配制：50 mg/mL DMSO溶液。

存储：0.5 mL分装，-20℃避光保存。

5.10.2.4　农杆菌培养基

①准备AB培养基组分：

A. AB盐原液（20×）：含20 g/L NH$_4$Cl，6 g/L MgSO$_4$·7H$_2$O，3 g/L KCl，0.2 g/L CaCl$_2$·2H$_2$O，0.05 g/L FeSO$_4$·7H$_2$O，121℃高压灭菌20 min。

杆菌悬液。在室温下,将锥形瓶在水平摇床上轻轻摇动约20 min。

⑤吸出农杆菌悬液。将叶段置于新鲜的MSB1共培养培养基上,每板放置6个叶段。在22℃黑暗条件下,将外植体在培养室中培养2 d。

5.10.3.3 胚性愈伤的诱导和分化

①共培养后,将接种的叶段转移至含有50 mg/L卡那霉素和150 mg/L特美汀的新鲜愈伤组织诱导培养基中。每板放置6个叶段。

②昼夜温度22℃,光照周期16 h,光量子强度65~70 μmol/($m^2 \cdot s$),继续培养叶段。前两周,培养皿应覆盖1~2层滤纸以模拟微光环境。

③每隔4~5 d,切除过长的叶片或胚芽鞘,以保持叶基段的大小适中,为4~5 mm。

④培养4~5周后,在选择中存活的愈伤组织上应出现暗黄色的体细胞胚团簇。从每个愈伤组织发育出的植株或植株群被视为一个独立的转基因事件。

⑤将2~3个胚性愈伤组织转移至含有50 mg/L卡那霉素和150 mg/L特美汀的新鲜MIB再生培养基的单独培养皿中。移除剩余的叶段。

⑥在接下来的2~4周培养过程中,体细胞胚将发育成植株。再生早期会出现绿色点状物。从愈伤组织中取出每个正在发育的胚胎/植株,并将其放置在MIB培养基的表面。可使用体式解剖显微镜进行辅助操作。

5.10.3.4 遗传转化植株的生根和炼苗

①转基因植株生根和生长采用高12~16 cm的玻璃罐或类似的体外培养容器。将生根培养基倒入罐中。培养基的体积应占罐体积

的1/4，以供根系发育。

②将2~3 cm高的植株从MIB培养基中转移到含有抗生素的生根培养基中。小心去除周围的愈伤组织。用封口膜密封。生根过程的培养条件与之前相同。

③根系发育良好的植株可以移栽到土壤中。花盆直径至少为140 mm且带有排水孔。

④组织培养获得的植株不能立即适应外界环境，尤其是较低的湿度，需要逐步适应。用透明罐子扣住花盆中的植株。或者也可以使用市场上可以买到的湿度罩。保持覆盖1~2周。

⑤在生长室中培养植株至成熟，培养条件为：日间温度18℃，夜间温度12℃，光照周期为16 h，光量子强度为350 μmol/（$m^2 \cdot s$）。

5.10.3.5 转基因种子的收集和储藏

①成熟的转基因植株应转移至温室。较高的温度和较低的湿度更有利于种子成熟。

②收集成熟、干燥且健康的谷粒。去除外稃和内稃，只保留种子。

③为了尽可能延长存储时间，谷粒的水分含量应低于14%，温度应低于20℃。长期储存需要温度低于4℃。

5.10.3.6 组织GUS染色

①GUS（β-葡萄糖醛酸酶）染色用于检测转基因组织中UidA报告基因的表达。UidA编码GUS，该酶可水解葡萄糖醛酸底物，生成可通过组织化学或荧光测定法观察的有色或荧光产物。在GUS组织化学测定中，无色的底物5-溴-4-氯-3-吲哚基-β-D-葡萄糖醛酸被处理成深蓝色/靛蓝色的产物3-羟基-5-溴-4-氯吲哚。

②每次使用前，准备新鲜的磷酸钠缓冲液，并加入X-GlucA储

备液至最终浓度为2 mmol/L 。吸取150～200 μL此缓冲液加入离心管或微量滴定板中。

③取一小块组织，并将其完全浸入缓冲液中，抽真空15 min，使缓冲液更好地渗透组织。

④在37℃下，于黑暗中孵育样品24 h。

⑤倒掉磷酸钠缓冲液，并在室温下用脱色溶液洗涤样品30 min。如有必要，重复洗涤多次，直至去除所有叶绿素。样品可在75%乙醇中于室温下避光长期保存。

5.10.3.7　转基因植株Southern杂交——基因组DNA制备及转膜

①分别从转基因T0或T1植物以及非转基因对照植物中提取分离基因组DNA。通过分光光度计和琼脂糖凝胶电泳检查DNA的纯度和完整性。

②用HindⅢ限制性内切酶消化20～40 μg的基因组DNA，持续消化12～16 h。

③酶切质粒DNA。使用能够切出包含转基因片段的酶（用KpnI酶消化了pTOK233载体，以分离出包含*nptII*基因序列的片段）。使用至少60 pg的酶切质粒DNA进行印迹。

④在TBE缓冲液中用0.7%琼脂糖凝胶对酶切的基因组DNA和质粒DNA进行电泳。使用DIG标记的DNA分子量标记进行电泳。调低电压，使凝胶电泳持续至少12 h。

⑤轻轻摇动凝胶变性缓冲液30 min，使DNA变性，用ddH$_2$O稍微洗涤一下凝胶，并在中和缓冲液中中和30 min，接着在10×SSC中再洗涤30 min。

⑥执行标准的转膜程序，使用至少300 mL的10×SSC。将DNA过夜转移到带正电荷的尼龙膜上。

⑦用2×SSC简单洗涤转印膜,以去除所有凝胶残留物。将膜置于两张3 MM纸之间,并在120℃下烘烤30 min(或根据试剂盒的说明进行操作)。

5.10.3.8 转基因植株Southern杂交——DNA标记与杂交

①根据试剂盒说明,使用PCR DIG Probe Synthesis Kit(罗氏)用DIG标记转基因片段。从PCR反应中取5~10 μL进行琼脂糖凝胶电泳,以估算扩增探针的量。

②在42℃下,用适量DIG Easy Hyb缓冲液(10 mL/100 cm^2膜)对膜进行预杂交30 min。

③同时,将DIG标记的探针在水浴中煮沸5 min使其变性,并立即在冰上冷却。将变性的探针加入预热至42℃的DIG Easy Hyb缓冲液中(3.5 mL/100 cm^2膜)。

④预杂交后,弃去DIG Easy Hyb缓冲液,加入探针混合物。在42℃下过夜(12~16 h)杂交膜。

5.10.3.9 转基因植株Southern杂交——化学发光检测

①杂交后,用低严谨性缓冲液在室温下洗涤膜两次,每次5 min,随后在杂交炉中用高严谨性缓冲液在65℃下洗涤两次,每次15 min。

②将膜置于塑料托盘上,DNA面朝上,并用洗涤缓冲液洗涤1~3 min。在室温下,将膜置于100 mL封闭溶液中孵育30 min。

③准备抗体溶液:将装有Anti-DIG AP Fab片段的试剂瓶以10 000×g离心5 min,从溶液上部吸取2 μL抗体,并加入20 mL封闭溶液中。在室温下,将膜置于抗体溶液中,并轻轻摇动孵育30 min。

④用洗涤缓冲液洗涤膜两次,每次15 min,然后在20 mL检测

缓冲液中孵育2~5 min。

⑤将膜置于塑料薄膜（Saragold或等效物）上，并滴加几滴CSPD（包含在检测试剂盒中）。立即用另一张塑料薄膜覆盖膜，以使CSPD均匀分布在整个膜表面。

⑥用玻璃移液管在膜上进行滚压，以去除多余的CSPD和气泡。在暗处，将包裹的膜置于照相暗盒中，在37℃下孵育10 min。在室温下暴露于化学发光胶片1 h。用自动洗片机进行洗片。

5.11　育种相关细胞和分子生物学技术

5.11.1　细胞生物学方法：燕麦荧光原位杂交技术

荧光原位杂交（Fluorescence in situ hybridization，FISH）是一种通过荧光标记检测基因位点或基因转录物的方法，可用于识别基因或细菌人工染色体（BACs）的位置，或分裂中期染色体上重复序列的分布，以及外来染色体的识别。此外，它还能够在间期细胞核中识别基因位点和活性转录位点，定位细胞转录物。本部分所述的方法涉及DNA和RNA探针的制作、燕麦细胞分裂中期染色体铺片和根组织切片的制备、分子杂交、杂交后的洗涤以及免疫荧光的检测。

在荧光原位杂交（FISH）实验中，组成分子探针的ATGC四种核苷酸中的一种会被进行标记修饰，标记后的分子探针与目标核苷酸序列进行互补结合。最后，通过免疫荧光来检测分子探针来达到检测目标核酸序列的目的。FISH可用于检测基因、细菌人工染色体（BACs）、黏粒和重复序列的染色体位置，或识别整条染色体（DNA FISH）；以及检测细胞核和细胞质中转录位点的转录物（RNA FISH）。DNA FISH已被用于识别中期染色体铺片中携带特定基因或BAC序列的染色体，识别染色体缺失或易位，以及识别杂交后代中的两条亲本染色体。在间期细胞核中，DNA FISH还被用于确定单个染色体或基因位点在核内的位置，测量与转录相关的染色质解聚等。RNA FISH可用于识别表达特定转录物的细胞和细胞类型，识别不同发育阶段的基因表达，甚至观察细胞核内有多少个等位基因正在转录。使用荧光检测可以在亚细胞水平解析单个转录物的细胞质定位。通过使用侧翼序列标记基因和编码序列标记转录物，可以将DNA FISH和RNA FISH结合起来。DNA FISH使用DNA探针，RNA FISH使用RNA探针。在杂交过程中，变性的DNA探针应与变性目标基因组序列的两条链结合。在RNA FISH中，探针（一种反义转录物）会与细胞中的有义目标转录物形成双链。

5.11.1.1 实验材料

（1）制备DNA探针材料

①金属浴或15℃水浴锅。

②Nick translation mix（Roche）试剂盒。

③地高辛-11-dUTP（罗氏）或邻硝基苯酚-11-dUTP（PerkinElmer）或生物素-16-dUTP（罗氏）。

④dNTP，每种dNTP的浓度为100 mmol/L。

⑤1 kb DNA ladder。

⑥3 mol/L醋酸钠，pH值为5.2。

（2）RNA探针制备材料

①PCR仪。

②T7 RNA聚合酶（Roche，附带转录缓冲液）。

③无菌去离子水。

④NTP混合物：使用无菌去离子水稀释到如下最终浓度：10 mmol/L ATP、10 mmol/L CTP、10 mmol/L GTP、6.5 mmol/L

UTP和3.5 mmol/L 生物素-16-UTP（罗氏）或地高辛-11-UTP（罗氏）或二硝基酚-11-UTP（PerminElmer）。

⑤RNAsin核糖核酸酶抑制剂（Promega）。

⑥DNase I（不含RNase），10 U/μL（罗氏）。

⑦200 mmol/L EDTA，pH 8.0，高压灭菌。

⑧4 mol/L氯化锂，高压灭菌。

⑨过滤消毒的200 mmol/L 碳酸盐缓冲液，pH 10.2：80 mmol/L 碳酸氢钠和120 mmol/L 碳酸钠，无须调pH。分装后冷冻。

⑩10% 乙酸。

⑪3 mol/L乙酸钠，pH值5.5，高压灭菌。

⑫1 kb DNA ladder。

（3）4%甲醛溶液配制

①pH 4.5～10试纸条。

②多聚甲醛颗粒（致癌物）。

③稀释硫酸：10%（V/V）硫酸溶液。向去离子水中滴加浓（98%）硫酸（有毒，可导致严重烧伤）稀释。

（4）分裂中期制片

①体式显微镜。

②巴斯德管（塑料巴斯德移液管）。

③直5号钳（如TAAB）或解剖针。

④18 mm×18 mm盖玻片。

⑤配备10×或20×物镜和相位对比或双光学显微镜。

⑥单锋剃刀片。

⑦卡诺氏固定剂：3份乙醇加1份乙酸。

⑧100 mL 10×FISH缓冲液：60 mL 0.1 mol/L柠檬酸钠+40 mL 0.1 mol/L柠檬酸。存储在4℃。

⑨中期细胞壁消化混合物：2%（W/V）纤维素酶，20%（V/V）果胶酶（Sigma P4716），溶于FISH缓冲液。将40 mg R10纤维素酶和400 μL果胶酶加入1.6 mL 1×FISH缓冲液中，定容至2 mL。称量酶粉末时应在通风柜中进行。配制完成后存储于-20℃冰箱备用。

⑩45%醋酸。

⑪干冰。

（5）装片以及DNA杂交预处理

①切片变性/杂交系统（Senova）或配备切片适配模块的PCR仪。

②RNAse A（Sigma）：用去离子水配制成浓度为10 mg/mL溶液，过滤消毒，-20℃保存，仅可反复冻融几次。使用时用2×SSC配制成10 μg/mL工作溶液，现用现配。

③猪胃黏膜胃蛋白酶（Sigma，冻干粉，4 720 U/mg蛋白）：将500 μg/mL胃蛋白酶加入0.01 mol/L盐酸配制成储存液，使用时用0.01 mol/L盐酸1∶20稀释成工作溶液，工作液分装后保存在-20℃，一次性取用，不可反复冻融。

④4%甲醛。

⑤去离子化且高纯度的甲酰胺（有毒）。在-20℃下分装存储。

⑥50%（W/V）右旋糖酐硫酸盐（分子生物学级纯度）。将右旋糖酐硫酸盐与去离子水混合，加热至65℃，直到完全溶解。快速分装后液氮速冻，并储存在-20℃。

⑦10%SDS。

⑧鲑鱼精子DNA（Sigma），浓度为5 μg/μL，高压灭菌。

（6）燕麦根系石蜡包埋

①真空干燥器。

②Tissue Tek VIP组织脱水机（Sakura）。

③组织包埋盒。

④石蜡包埋工作站。

⑤旋转切片机（徕卡）。

⑥聚赖氨酸涂层载玻片。

⑦切片加热器。

⑧4%甲醛。

⑨组织脱水机使用的乙醇。

⑩组织脱水机使用的二甲苯（通用级）。

⑪组织脱水机使用的石蜡。

（7）燕麦根系DNA FISH切片预处理及杂交

①切片变性/杂交系统（Senova）或配备切片适配模块的PCR仪。

②Histolene试剂（Cellpath）。

③酶混合液：1%（W/V）崩溃酶（Sigma，含淀粉酶，木聚糖酶，纤维素酶activity），0.5%（W/V）纤维素酶R10（日本益力多），0.025%（W/V）消化酶Y23（Sigma）溶于PBS缓冲液。配制酶液时在通风柜中操作，因为这些酶是潜在的增敏剂。混匀后储存在-20℃。

④RNase A（Sigma）。

⑤去离子化且高纯度的甲酰胺（有毒）。在-20℃下分装存储。

⑥50%的葡聚糖硫酸盐（分子生物学纯）。

⑦10%SDS。

⑧鲑鱼精子DNA（Sigma），5 μg/μL，高压灭菌。

（8）燕麦根系RNA FISH切片预处理及杂交

①30～50℃烘箱。

②玻璃染色缸。

③Histolene组织染色剂（Cellpath）。

④酶混合液：1%崩溃酶（Sigma-Aldrich，D9515），0.5%离析酶（日本Yakult），0.025%的酶解酶Y23（Sigma）溶于PBS缓冲液。配制酶液时在通风柜中操作，因为这些酶是潜在的增敏剂。混匀后储存在-20℃。

⑤蛋白酶K缓冲液：100 mmol/L Tris-盐酸（pH=8.0），50 mmol/L EDTA，高压灭菌。

⑥蛋白酶k，分子生物学级（Sigma），溶于10 mg/mL去离子水，保存在-20℃。

⑦50 mg/mL甘氨酸溶于去离子水，过滤消毒，保存在4℃。

⑧4%的甲醛。

⑨去离子化且高纯度的甲酰胺（有毒）。在-20℃下分装存储。

⑩tRNA，50 μg/μL（SigmaXXI型）。

⑪10×盐（按照终体积1 L配制）：3 mol/L氯化钠（175.3 g），0.1 mol/L Tris-盐酸pH 6.8（100 mL 1 mol/L 溶液），7.8 g $NaH_2PO_4 \cdot 2H_2O$+7.1 g Na_2HPO_4（=0.1 mol/L $NaPO_4$缓冲液），50 mmol/L EDTA（即加入100 mL 0.5 mol/L的EDTA溶液）。

⑫杂交缓冲液（800 μL，储存在-20℃）组成如下：

100 μL 10×盐。

400 μL去离子化甲酰胺。

200 μL 50%葡聚糖硫酸盐，分子生物学级纯。

20 μL 50×Denhardt溶液（Sigma）。

80 μL水。

（9）DNA FISH杂交后洗涤

①20%甲酰胺溶于0.1×SSC：20 mL甲酰胺+80 mL去离子水+0.5 mL 20×SSC。

②4×SSC，0.2%（V/V）Tween20。

（10）RNA FISH杂交后洗涤

①2×SSC/50%甲酰胺：50 mL甲酰胺+40 mL去离子水+10 mL 20×SSC。

②1×SSC/50%甲酰胺：50 mL甲酰胺（通用试剂）+45 mL去离子水+5 mL20×SSC。

③2×SSC。

④4×SSC，0.2%（V/V）Tween20。

（11）抗原抗体免疫反应

①阻断液：5%（W/V）牛血清白蛋白（BSA，组分V），4×SSC，0.2%Tween20。

②一抗：单克隆抗地高辛小鼠抗体（Sigma）、抗二硝基苯兔抗体（Invitrogen）。

③ExtrAvidin- Cy3（Sigma）。

④二抗：Alexa Fluor 488山羊抗小鼠抗体（Invitrogen）、羊抗兔Alexa Fluor 647抗体（Invitrogen）。

⑤DAPI（Sigma）：用去离子水配制成1 mg/mL的溶液，保存在−20℃。

⑥防荧光淬灭封片剂（Vector Laboratories H-1000）或Prolong Diamond抗淬灭封片剂（ThermoFisher）。

⑦指甲油。

（12）反复使用仪器和试剂

①可加热磁力搅拌器。

②台式离心机。

③凝胶电泳设备。

④用高压灭菌袋自制塑料盖玻片：将透明的高压灭菌袋裁切成与盖玻片相同大小的正方形。

⑤保湿室：排列在覆盖塑料盒的湿纸巾的底部。将玻片放在牙签上或类似的能将玻片与湿纸巾隔离的物品上。

⑥染色缸。

⑦37℃孵育温箱。

⑧摇床。

⑨通风橱。

⑩水浴锅，对于某些步骤，也需要有振动功能。

⑪30%，50%，70%，无水乙醇。

⑫TE：10 mmol/L Tris-盐酸pH 8.0，1 mmol/L EDTA，高压灭菌。

⑬10×PBS，pH 7.4：1.3 mol/L NaCl，0.07 mol/L Na_2HPO_4，0.03 mol/L NaH_2PO_4，5 mol/L NaOH 或者5 mol/L HCl，高压灭菌。

⑭20×SSC，pH 7.0：3 mol/L 氯化钠，300 mmol/L 柠檬酸钠，用1 mol/L盐酸调节pH，高压灭菌。

5.11.1.2　实验方法

（1）制备DNA探针

①按照Nick translation mix（Roche）试剂盒的使用说明书制备DNA探针。

②用1%琼脂糖凝胶电泳检查探针的大小，上样量为2 μL，分子量标准采用1 kb DNA ladder。探针分子所在电泳条带应该在200～500 bp分子量。

③加入1/10体积的3 mol/L醋酸钠（pH5.2）和2.5体积的冰浴乙醇，在-20℃下沉淀至少1 h。

④在4℃离心机中，13 200 r/min下离心15 min。

⑤用冰浴70%乙醇洗涤，再次离心，除去上清液，晾干5 min。

⑥加入10～20 μL TE，重新悬浮沉淀物。探针可在-20℃冰箱保存数月。

（2）制备RNA探针

①用5′端带有T7启动子接头的引物通过PCR合成DNA模板。然后利用T7聚合酶进行体外转录，获得反义链。最后将线性PCR产物沉淀下来，用去离子水中重悬至浓度为0.5～1 μg/μL。

②20 μL体外转录反应体系如下：

11 μL无菌去离子水。

2 μL 10×转录缓冲液（室温解冻）。

2 μL NTP混合物。

1 μL RNAsin核糖核酸酶抑制剂（20 U）。

2 μL DNA模板（0.5～1 μg）。

2 μL T7 RNA聚合酶（40 U）。

③37℃下孵育2 h。

④加入2 μL DNaseI（不含RNase），混合均匀，离心，在37℃孵育15 min。

⑤分别加入2 μL 200 mmol/L EDTA，pH 8.0，2 μL氯化锂（4 mol/L），75 μL冰浴乙醇。

⑥混匀并在-20°下沉淀。

⑦在4℃，20 000×g下离心15 min。

⑧用冰浴的70%乙醇洗涤，再次离心，除去上清液，晾干5 min。

⑨50 μL无菌去离子水重悬后，加入50 μL 200 mmol/L 碳酸盐

溶液，混匀。

⑩在60℃孵育，孵育时间按照以下公式计算：

$t = (L_i - L_f) / K \times L_i \times L_f$

式中，t为孵育时间（min）；K为速率常数（0.11 kb/min）；L_i为初始长度（kb）和L_f为最终长度（最佳L_f=0.15 kb）。

⑪终止反应：加入5 μL乙酸（10%），10 μL乙酸钠（3 M，pH5.5），288 μL乙醇（预冷），-20℃沉淀2 h。

⑫向上文中一样离心，洗涤并晾干。

⑬用50 μL TE重悬沉淀。

⑭用1%琼脂糖凝胶电泳检查探针的大小，上样量为3 μL，分子量标准采用1 kb DNA ladder。探针分子所在电泳条带应该在50~200 bp分子量。探针可在-20℃下保存数月。

（3）配制4%甲醛溶液

①甲醛致癌物质，因此整个配制过程在通风柜中完成。称量4 g多聚甲醛溶解，定容到100 mL，然后放到磁力搅拌器上搅拌。加入50 mL去离子水。

②在不断搅拌的同时加热混合物至60℃，加热时加入250 μL 1 mol/L氢氧化钠。注意保持烧杯的温度不超过60℃，否则甲醛会分解。

③当多聚甲醛完全溶解后，停止加热，加入40 mL去离子水和10 mL 10×PBS。

④将溶液置于冰上冷却至室温，加入稀硫酸调节pH至7.4。

（4）敲片法制备压片

①将燕麦种子放在滤纸上发芽，根长到2~3 cm长时备用。

②切下1~2 cm长的根尖组织，将3个根尖组织分别放入含有冰水的离心管中。将离心管放置4℃冰箱中24 h。

③将三个根尖分别转移到含有1 mL卡诺氏固定液的离心管中。室温静置，或保存于-20℃。用无水乙醇浸泡载玻片。

④用1×的FISH缓冲液冲洗根尖3次，每次在摇床上振荡5 min，以去除所有固定液残留。

⑤将3个根尖放入含有50 μL的细胞壁消化混合液的离心管中，在37℃下孵育45～90 min。当根尖向下垂坠时，根就处理好了。

⑥向离心管中补充1×的FISH缓冲液，然后用移液枪枪头将根转移到小培养皿中。

⑦用枪头将一个根转移到乙醇清洗过的载玻片上。

⑧用滤纸小心地吸走多余液体，然后向根尖滴加30 μL 45%醋酸。

⑨放在40～50℃加热块上加热。

⑩在体式显微镜下去除根冠，留取根末端1～3 mm，即分生区，并丢弃上部的伸长区。

⑪用5号钳子或解剖针轻轻捣碎分生区。

⑫小心地缓慢盖上盖玻片（18 mm×18 mm），避免产生气泡，在盖玻片上方盖上一层滤纸，轻轻敲击使细胞分散。

⑬在显微镜下观察分裂中期细胞［相位对比或DIC，（10～20）×物镜］。

⑭反复加热载玻片，直到细胞质被清除，细胞清晰可见。

⑮反复轻敲盖玻片，并反复镜检，直到中期染色体全部扩散到细胞外。

⑯用拇指用力压下滤纸覆盖的盖玻片，将载玻片转移到干冰上，放置10 s；直到盖玻片下变成白色的，就可以用剃须刀取下盖玻片。

⑰将压片晾干备用。

（5）分裂中期压片预处理及DNA FISH杂交

①用10 μg/mL 2×SSC配制的RNAse A工作溶液处理切片。每张切片滴加100～200 μL，用塑料盖玻片盖住，在37℃孵育1 h。孵育期间可进行配制4%多聚甲醛。

②取下盖玻片，在染色罐中用2×SSC洗涤3×5 min，洗涤时不要晃动玻片。

③用胃蛋白酶工作液处理载玻片（用0.01 mol/L盐酸1∶20稀释）。每张切片滴加100～200 μL胃蛋白酶工作液，在37℃的保湿室中孵育10 min。

④在2×SSC中清洗5 min。

⑤常温下，在通风橱内的摇床上用4%多聚甲醛固定2次，每次5 min。

⑥常温下用2×SSC洗涤3次，每次5 min。

⑦用70%乙醇脱水3 min，然后再用无水乙醇脱水3 min。

⑧将载玻片风干至少1 h以上。

⑨准备杂交液，每张载玻片约需30 μL（基本可覆盖18 mm×18 mm面积），下面是两张切片所需用量配比：

30 μL甲酰胺。

12 μL 50%右旋糖酐硫酸酯。

6 μL 20×SSC。

1 μL 10%SDS。

2 μL鲑鱼精子DNA。

4 μL DNA探针（40 ng/μL），用去离子水作为空白对照。

5 μL H_2O。

⑩在95℃的水浴锅中变性5 min，然后在冰上冷却5 min。

⑪将载玻片放入程控控温器或配备载玻片适配器的PCR仪中，

向每张切片细胞上滴加30 μL杂交液，并用塑料盖玻片覆盖。

⑫运行以下程序：78℃，10 min；50℃，1 min；45℃，90 s；40℃，2 min；38℃，5 min；37℃，16 h。

⑬转到（9）继续操作。

（6）样本石蜡包埋及切片

①将燕麦种子放在滤纸上发芽，根长到2~3 cm长时备用。

②取5 mm根尖，置于15 mL盛有4%甲醛的离心管中，室温下固定4 h。真空泵抽真空3次，每次5 min。抽真空时根尖组织会上浮到液面，抽真空结束后会下沉到管底。

③用PBS清洗根尖5 min，以去除固定剂。

④用系列梯度乙醇（30%，50%，70%）对根尖进行脱水，每个浓度乙醇脱水30 min。对于较大的样品，需要适当增加脱水时间。

⑤将根尖浸泡在盛有70%乙醇的活检盒中，以避免干燥，并将其快速转移到组织切片处理机中进行石蜡包埋。

⑥压力和真空循环设置如下：

35℃，70%乙醇，1 h。

35℃，80%乙醇，1.5 h。

35℃，90%乙醇，2 h。

35℃，无水乙醇，1 h。

35℃，无水乙醇，1.5 h。

35℃，无水乙醇，2 h。

35℃，二甲苯，0.5 h。

35℃，二甲苯，1 h。

35℃，二甲苯，1.5 h。

60℃，石蜡，1 h。

60℃，石蜡，1 h。

60℃，石蜡，2 h。

⑦程序完成后，将样品盒放入融蜡室，并加入石蜡融化。将三个根尖平行放置在金属模具中，模具底部覆盖一层薄蜡，之后用融化的石蜡覆盖，并添加网状支撑，最后让蜡凝固。

⑧将蜡块修成梯形，并在旋转切片机上切割出厚度为8~12 μm的切片。

⑨在聚L-赖氨酸涂层的载玻片中间滴一滴去离子水，将切片放在水滴中，然后将载玻片放在展片台上加热直至干燥，使切片完全展开并贴敷在载玻片上。

⑩DNA FISH步骤见（7），RAN FISH步骤见（8）。

（7）DNA FISH—切片的预处理和DNA杂交

①在histolene试剂中脱蜡两次，每次30 min，再用乙醇（无水乙醇，70%，50%，30%）梯度复水，每步复水持续90 s，从无水乙醇开始，然后用PBS洗涤5 min。

②用100~200 μL的酶混合物覆盖根尖组织，并盖上塑料盖玻片。将切片放入保湿室中并整体放入37℃的培养箱中孵育1 h。PBS洗涤5 min。

③用10 μg/mL 2×SSC配制的RNAse A工作溶液处理切片，在37℃的水浴锅中孵育1 h。PBS清洗10 min。

④用梯度乙醇对切片进行逐级脱水，然后晾干。

⑤准备杂交溶液，每张载玻片需40 μL，约可覆盖20 mm×20 mm大小的面积，配制体系如下：

20 μL甲酰胺。

8 μL 50%右旋糖酐硫酸酯。

4 μL 20×SSC。

0.5 μL 10%SDS。

1 μL 鲑鱼精子DNA。

5 μL DNA探针（40 ng/μL），用去离子水作为空白对照。

1.5 μL H_2O。

⑥将杂交溶液置于95℃水浴中变性5 min，在冰上冷却5 min。

⑦在杂交机中加入水，并将载玻片放入机器中或放在PCR仪的载玻片适配器中。将溶液均匀地分布在切片上，并用塑料盖玻片盖住。杂交条件设置如下：

75℃，8 min。

50℃，1 min。

45℃，90 s；40℃，2 min；38℃，5 min；37℃，16 h。

⑧转到（9）继续操作。

（8）RNA FISH—切片的预处理和RNA杂交

①在histolene试剂中脱蜡两次，每次30 min，再用乙醇（无水乙醇，70%，50%，30%）梯度复水，每步复水持续90 s，从无水乙醇开始，然后用PBS洗涤5 min。

②用100～200 μL的酶混合物覆盖根尖组织，并盖上塑料盖玻片。将切片放入保湿室中并整体放入37℃的培养箱中孵育1 h。PBS洗涤5 min。

③将切片放在染色缸中，加入10 μg/mL蛋白酶k溶液（用蛋白酶K缓冲液配制），28℃的水浴处理30 min。在将10 mg/mL的保存液加入去离子水中稀释之前，先要对缓冲液和容器进行预热。

④室温下，将切片放入2 mg/mL甘氨酸溶液（PBS配制）中孵育5 min，然后PBS洗涤5 min，使蛋白酶k失活。

⑤将切片置于4%甲醛PBS溶液（pH7.4）中固定10 min，PBS洗涤2次，每次5 min。

⑥梯度乙醇逐级脱水，然后晾干。

⑦准备杂交溶液，每张载玻片需40 μL，约可覆盖20 mm×20 mm大小的面积，配制体系如下：

4 μL甲酰胺。

1 μL tRNA。

1~2 μL DNA探针（40 ng/μL），用去离子水作为空白对照。

加H_2O至终体积为8 μL。

32 μL杂交缓冲液。

⑧将杂交液于80℃下变性2 min，再在冰上冷却5 min。

⑨将杂交液均匀地分布在切片上，置于保湿室内转入50℃温箱。高温可增强杂交效果。

⑩转到（10）操作。

（9）DNA FISH杂交后洗涤

①在通风橱中将水浴摇床加热至42℃。

②在42℃水浴摇床中，在染色缸中用2×SSC洗涤3 min，使盖玻片脱落。塑料盖玻片会漂浮起来，很容易被去除。

③在42℃的水浴摇床中，用20%甲酰胺（0.1×SSC）清洗载玻片两次，每次5 min。

④在42℃的水浴中清洗2×5 min。

⑤在常温摇床上用2×SSC清洗2×5 min。

⑥在室温下用4×SSC和0.2%（V/V）Tween 20清洗切片2×5 min。

⑦转到（11）操作。

（10）RNA FISH杂交后洗涤

①将通风橱内的水浴摇床加热至50℃。

②将切片放入染色缸中，用2×SSC洗涤切片3 min，使盖玻片

脱落。塑料盖玻片会漂浮起来，很容易被去除。

③用2×SSC/50%甲酰胺在50℃水浴摇床中清洗15 min。

④用1×SSC/50%甲酰胺在50℃水浴摇床中清洗15 min。

⑤在常温摇床上用2×SSC清洗2×5 min。

⑥在室温下用4×SSC和0.2%（V/V）Tween 20清洗切片2×5 min。

⑦转到（11）操作。

（11）免疫学检测

①每张切片滴加100 μL封闭液，然后用塑料盖玻片盖住，置于保湿室中处理10 min。

②取下盖玻片，将残留的封闭液甩到纸上。

③对于生物素标记的探针，只有在没有其他标记的情况下，才能继续进行第5步。将载玻片放入小鼠抗地高辛单克隆抗体（1∶5 000稀释）和/或兔抗二硝基苯抗体（1∶1 000稀释）。抗体用封闭液稀释，每张载玻片加100 μL抗体稀释液，盖上塑料盖玻片，放入到保湿室中，转入37℃温箱，避光孵育1 h。

④将载玻片用铝箔纸包裹起来，用4×SSC，0.2%吐温20在摇床上振荡清洗3×5 min。

⑤将载玻片放入山羊抗小鼠抗体（1∶300稀释）、ExtrAvidin-Cy3（1∶300稀释）和羊抗兔647抗体（1∶600稀释），抗体稀释液组成为：5% BSA/4×SSC/0.2% Tween 20。每张载玻片滴加100 μL抗体稀释液，盖上塑料盖玻片，放入保湿室中，转入37℃温箱，避光孵育1 h。

⑥用4×SSC/0.2% Tween 20洗涤载玻片3×5 min。

⑦在塑料盖玻片下用100 μL 1 μg/mL DAPI在黑暗中染色3~4 min。

⑧用4×SSC/0.2% Tween 20简单清洗，并除去多余的液体。

⑨在切片上滴加15 μL的Vecta shield或者Prolong Diamond防淬灭剂,使防淬灭剂完全覆盖根尖组织。用镊子夹起1.5号盖玻片(22 mm×22 mm)一端,将另一端靠近载玻片上的液滴并接触到载玻片,然后缓慢放下盖玻片另一端,使盖玻片完全盖住样品。用滤纸吸走多余液体后,用指甲油封片。

5.11.2 燕麦原生质体的瞬时表达分析

燕麦原生质体对于研究细胞基因瞬时表达十分便捷有用。核酸分子可以快速导入活细胞中,并且当天即可获得结果。燕麦细胞悬浮培养是一种简单、高产且一致较好的获得原生质体的方法。在此,我们描述了如何从固体培养基上培养的愈伤组织中制备燕麦细胞悬浮培养物,以及如何通过细胞悬浮培养获得的燕麦细胞制备燕麦原生质体的方法,以及如何通过电穿孔将核酸(DNA或RNA)瞬时导入细胞的具体流程。

5.11.2.1 材料

(1)植物材料

MS培养基培养的松散的愈伤组织、悬浮培养7 d的燕麦细胞。

(2)培养基

①人工海水(ASW)/0.6 mol/L甘露醇:

A. 人工海水(ASW):311 mmol/L NaCl(18.18 g/L),18.8 mmol/L $MgSO_4$(2.26 g/L),16.7 mmol/L $MgCl_2$(3.39 g/L $MgCl_2·6H_2O$),10 mmol/L MES[2.13 g/L 2-(4-morpholino)ethane sulfonic acid],6.9 mmol/L KCl(0.514 g/L),6.8 mmol/L $CaCl_2$(1.0 g/L $CaCl_2·2H_2O$),1.75 mmol/L $NaHCO_3$(0.148 g/L)。用超纯水定容至1 L,NaOH调pH至6.0。

B. 0.6 mol/L甘露醇:109.3 g甘露醇(182.2 g/mol)溶于1 L超

纯水。

C. 人工海水（ASW）/0.6 mol/L甘露醇：将人工海水与0.6 mol/L甘露醇1∶1混合，高压灭菌后可于4℃保存1个月。二者单独保存的时间可达6个月。

②100倍维生素贮存溶液：10 g肌醇，50 mg烟酸，50 mg盐酸吡哆素，50 mg盐酸硫胺素。用超纯水定容至1 L，并使用0.2 μm的过滤膜对溶液进行过滤除菌。分装成10 mL一份，并在-20℃下储存，可保存1年。

③Murashige和Skoog（MS）培养基：4.33 g MS植物盐混合物（不含琼脂），10 mL 100倍维生素溶液（见上文配方），87.6 mmol/L蔗糖（30.0 g/L）。用超纯水溶解并定容至1 L，并用氢氧化钠将pH调至5.7。在125 mL烧瓶中分装40 mL MS培养基，每个烧瓶用棉花塞住，并用铝箔覆盖封口。高压灭菌后，在4℃下可储存3个月。

④Murashige和Skoog（MS）培养基加0.4 mol/L甘露醇：4.33 g MS植物盐混合物（不含琼脂），10 mL 100倍维生素溶液（见配方），87.6 mmol/L蔗糖（30.0 g/L），0.4 mol/L甘露醇（72.8 g/L）。用超纯水定容至1 L，并用氢氧化钠将pH调至5.7。高压灭菌后，在4℃下可储存2个月。

⑤Murashige和Skoog（MS）培养基加琼脂（大约可制作三块平板）：0.433 g MS植物盐混合物（不含琼脂），1.0 mL 100倍维生素溶液（见上文配方），87.6 mmol/L蔗糖（3.0 g/L），0.25 g琼脂或替代品凝胶剂（Phytagel、Phytagar或Gelzan）。用超纯水将定容至100 mL，并用氢氧化钠将pH调至5.7。高压灭菌后，在4℃下储存可达1个月。建议使用新鲜平板进行愈伤组织转接。

⑥电穿孔缓冲液：10 mg KH_2PO_4，57.5 mg $Na_2HPO_4 \cdot 7H_2O$，

3.75 g NaCl，18.2 g甘露醇。用超纯水定容至495 mL，并用氢氧化钠将pH调至7.2。分装成50 mL一份（推荐），并进行高压灭菌。在4℃下储存可达1个月。使用前，每50 mL加入0.4 mL过滤灭菌的400 mmol/L $CaCl_2$。

⑦酶溶液：0.8%（W/V）半纤维素酶（Sigma），0.175%（W/V）纤维素酶（Onozuka RS，Yakult Pharmaceuticals），0.1%（W/V）崩溃酶（Sigma）。在ASW/0.6摩尔甘露醇中重新悬浮，通过在室温下非常缓慢地搅拌溶液（大约每4 s旋转一圈）30～45 min来溶解酶。用氢氧化钠将pH调至5.6～5.7。使用0.2 μm滤膜对酶溶液进行过滤灭菌。现用现配，并按照每毫升压实细胞使用5 mL酶的比例进行使用。

（3）实验仪器和相关材料

电穿孔仪、4 mm电击杯、灭菌培养皿（100 mm×15 mm）、灭菌6孔培养板、适用125 mL锥形瓶的摇床、适用于15 mL/50 mL离心管的离心机、显微镜、细胞计数板、0.2 μm滤膜。

5.11.2.2 方法

（1）利用愈伤组织制备燕麦细胞悬浮培养体系

为防止样品污染，除非另有说明，本方法中的所有步骤必须在无菌条件（超净台）下进行。否则培养基极易受到污染。除非另有说明，所有步骤均应在室温下进行。

①挑选出MS培养基上（置于室温并避光保存）活跃生长的燕麦愈伤组织。

②使用无菌刮刀轻轻刮下易碎的愈伤组织，至少收集半个培养皿。

③将愈伤组织放入装有40 mL新鲜MS培养基的125 mL烧瓶中，烧瓶口用无菌棉花塞住，并用铝箔封口覆盖。

④将烧瓶中的愈伤组织在20～23℃的暗处培养，同时以约

200 r/min的速度振荡培养。

（2）悬浮培养细胞继代

①用10 mL血清吸管，从50 mL的7天龄燕麦悬浮培养物中吸取10 mL，同时轻轻旋转锥形瓶以防止细胞沉降。

②将10 mL细胞继代培养物转移至装有40 mL新鲜MS培养基的125 mL锥形瓶中。

③用无菌棉花塞住烧瓶口，并用铝箔覆盖封口。

④20～23℃黑暗培养，同时使锥形瓶以约200 r/min的速度振荡。

⑤每7 d进行一次细胞继代培养。

⑥剩余的细胞培养物可用于消化、愈伤组织培养或丢弃。

（3）愈伤组织继代

①为长期保存愈伤组织，选择一块无污染、有活力且正在生长的愈伤组织培养皿。

②使用灭菌刮刀轻轻从旧愈伤组织培养皿上刮下燕麦细胞团块。

③轻轻将细胞团块移至新鲜的MS培养皿上。铺展细胞并留出空间以供未来生长。铺展时控制力度，避免压碎细胞或培养基。至少应准备三块培养皿以确保愈伤组织的存活。

④用Parafilm密封培养皿，并用铝箔覆盖以防止光照。将培养皿在室温下的暗处保存。一周内应可见新生长出的愈伤。

⑤每4～6周将细胞转移至新鲜的MS琼脂培养基上。如发现受污染的培养皿立即丢弃。

（4）利用悬浮培养细胞培育愈伤组织

①从培养箱中取出7天龄的燕麦细胞悬浮培养物，让细胞沉降在锥形瓶底部（约5 min），轻轻吸去上清液。

②使用灭菌刮刀从烧瓶底部挑起一些细胞，并轻轻将细胞移至新鲜的MS培养基上。

③涂布细胞并留出空间以供未来生长。涂布时控制力度，避免压碎细胞。至少涂布三块培养皿以确保愈伤组织的存活。

④用Parafilm封口膜密封培养皿，并用铝箔覆盖避光。将培养基平板倒扣着置于黑暗条件下培养。1周内将会有明显生长。生长活跃的愈伤组织可转移到新的培养基上继代培养，或用于悬浮培养。

（5）燕麦原生质体制备——细胞壁消化

①转移并收集燕麦细胞悬浮培养物：使用50 mL血清吸管，将7天龄的燕麦细胞悬浮培养物缓慢转移至无菌50 mL尖底离心管中，避免细胞破裂。将尖底离心管置于试管架上，静置约5 min。

②估算细胞体积：估算紧实细胞沉淀的体积，以计算消化所需酶溶液的体积，最终酶溶液与细胞沉淀的比例为5∶1。通常，一个生长活跃的细胞培养瓶在移除10 mL用于继代培养的细胞悬浮液后，可收集到7 mL的紧实细胞沉淀。

③添加酶溶液：吸去上清液。将酶溶液的一半缓慢沿尖底离心管侧壁加入紧实细胞中，通过缓慢吸打（10 mL血清吸管中每1 mL约3 s）或颠倒离心管（每2 s约颠倒一次）使细胞悬浮。

④分装细胞溶液：将细胞溶液分装到至少三个无菌培养皿中，每个培养皿的最终体积不应超过15 mL。使用剩余的酶溶液冲洗离心管，并将冲洗溶液均匀分配到各培养皿中。

用封口膜密封培养皿，并用铝箔包裹以避光。

⑤混匀孵育：使用回旋振荡器，在室温下以42 r/min的速度孵育过夜（16~18 h）。

⑥观察消化情况：16~18 h后，在显微镜下观察细胞是否完全消化。在细胞未完全消化之前不要进行下一步操作。

（6）燕麦原生质体制备——原生质体洗涤

①实验准备：洗涤过程中，细胞、洗涤缓冲液和尖底离心管应

随后用5%次氯酸钠溶液处理5 min。用蒸馏水冲洗3次,并在摇床上浸泡过夜。次日重复灭菌步骤。

B. 胚剥离与愈伤诱导:用镊子和手术刀小心剥离成熟胚,接种于愈伤诱导培养基上。培养约2周后,待愈伤组织形成,进行农杆菌侵染。

C. 后续转化流程:共培养、选择培养、分化及生根步骤均参照未成熟胚遗传转化体系执行。

⑤转基因植株检测:

A. QuickStix检测:按照QuickStix试剂盒(EnviroLogix,货号AS013LS)的说明书,对转基因植物进行Bar基因筛选。

B. GUS组织化学染色检测:选取刚完成移栽存活的转基因幼苗,采集1~2 cm的叶片片段,浸入GUS染色液中,37℃孵育至出现蓝色,随后用无水乙醇脱色并拍照记录。

C. PCR分析:采用NuClean PlantGen DNA试剂盒(CWBIO,货号CW0531M)提取转基因植物叶片基因组DNA,利用特异性引物对转基因样本中的目的基因进行扩增。

5.12 燕麦品种真实性鉴定技术

品种真实性鉴定技术是保障农业生产安全的重要环节,目前主要分为传统鉴定和现代分子鉴定两大类。其中以SSR和SNP信息为基础的DNA指纹分子鉴定技术已成为品种真实性鉴定的核心手段。

5.12.1 基于SSR的品种真实性鉴定

5.12.1.1 实验材料

①待测和参照燕麦样品。

②推荐的SSR引物。
③植物基因组DNA提取试剂或试剂盒。
④60%的非变性聚丙烯酰胺凝胶母液。
⑤TEMED。
⑥10%过硫酸铵溶液。
⑦TBE缓冲液。
⑧凝胶电泳仪（用于SSR分子鉴定）。
⑨凝胶成像仪（用于SSR分子鉴定）。
⑩制冰机。
⑪高速台式离心机。
⑫冰箱。
⑬高通量组织研磨仪。
⑭微量移液器。
⑮微量分光光度计。

5.12.1.2 实验方法

（1）基因组DNA提取

将待测和参照燕麦叶片或种子萌发样品用液氮速冻后，研磨粉碎，用植物基因组DNA提取试剂或试剂盒提取样本基因组DNA。

（2）PCR扩增

反应在PCR仪上进行，PCR反应体系为10 μL，模板DNA 1μL（50 ng/μL），Tap酶0.1 μL，PCR Mix 5 μL，正反向引物各1μL（10 μmol/L），用ddH_2O补足体积至10 μL。PCR过程中应采用热盖程序，否则反应液上应覆盖15 μL矿物油，以防止反应液蒸发。反应程序为94℃预变性3 min；94℃变性30 s，56℃或57℃退火30 s，72℃延伸45 s，30～35个循环数；72℃延伸7 min；4℃保存。每对引物重复2次PCR反应。

（3）PCR产物的变性聚丙烯酰胺凝胶电泳与银染检测

①清洗和组装玻璃板：将玻璃板清洗干净，去离子水冲洗后晾干。用95%乙醇擦两遍，吸水纸擦干。清洗操作过程中防止互相污染。待玻璃板彻底干燥后进行组装，并用水平仪调平。

②制胶：在100 mL 60%的非变性聚丙烯酰胺凝胶母液中分别加入67 μL TEMED和新配制的10%过硫酸铵溶液1.0 mL，迅速混匀后灌胶，灌胶时应匀速以防出现气泡。待胶液充满玻璃板夹层后停止灌胶，并在上部轻轻插入梳子，室温聚合1 h以上。胶聚合后，小心拔出梳子，用水洗干净备用。

③电泳：将胶板安装于电泳槽上，盖上电泳槽电极盖，在正极槽和负极槽加入1×TBE缓冲液，使其超出凝胶顶部约2~3 cm。200 V恒压预电泳20~30 min，使凝胶预热。用微量上样器或移液枪吸取缓冲液冲洗凝胶顶端几次，清除气泡和凝胶残片，同时将胶条拨正。每一个加样孔点入2~4 μL样品。同时加入待测样品和参照品种扩增产物。200恒压电泳1.5~2.5 h（具体时间取决于扩增片段的大小）。电泳结束后，小心地分开两块玻璃板，取下凝胶准备银染。

④银染：将凝胶置于固定液中，附着凝胶面朝上，使固定液没过凝胶，在摇床上轻轻晃动20~30 min；取出凝胶，置于蒸馏水中漂洗1~2次后，将凝胶置于染色液中，使染色液没过凝胶，在摇床上轻轻晃动10~15 min；取出凝胶，置于蒸馏水中漂洗1次，不超过10 s；然后，将凝胶置于显影液中，显影液用量以没过凝胶为宜，轻轻晃动，待凝胶出现清晰带纹后，将凝胶置于定影液中，使定影液没过凝胶，定影5 min后，从定影液中取出凝胶，放入去离子水中漂洗1 min。最后，用凝胶成像仪进行拍照。

（4）数据记录与统计

同一分子量大小条带的有无分别用1和0表示，记录送检样品和比对样品在所有位点的DNA电泳谱带数据，统计送检样品和比对样品的差异位点，差异等位变异数，并统计相似度。

（5）结果判定

首先根据前半数引物的扩增结果，对送检样品和比对样品的相似度进行比较。当样品间相似度小于等于90%时，一般认定为"不同品种"；当样品间相似度大于90%时，继续利用剩余的引物进行扩增检测，最终比对结果相似度90%<S<100%时，一般判定为"近似品种"；比对结果相似度S=100%时，判定为"疑同品种"。品种相似度S按照下列算式进行计算。

$$S = \sum_1^n \frac{2N_{ij}}{N_i + N_j} \times 100$$

式中，S表示相似度，%；N_{ij}表示品种i和j之间共同的电泳条带数目；N_i表示i品种中出现的电泳条带数目；N_j表示j品种中出现的电泳条带数目；n表示SSR标记数目。

5.12.2 基于SNP的品种真实性鉴定

5.12.2.1 实验材料

①待测和参照燕麦样品。

②推荐的SNP引物，以KASP引物为例。

③植物基因组DNA提取试剂或试剂盒。

④2×KASP Master mix。

⑤KBD Assay mix。

⑥制冰机。

⑦台式高速离心机。

⑧冰箱。

⑨荧光定量PCR仪。

⑩微量移液器。

⑪微量分光光度计。

⑫适用荧光定量PCR仪的PCR板及封板膜。

5.12.2.2 实验方法

①基因组DNA提取：将待测和参照燕麦叶片或种子萌发样品用液氮速冻后，研磨粉碎，用商用植物基因组DNA提取试剂或试剂盒提取样本基因组DNA。

②SNP分型：将所有DNA样品编号后，取2 μL后分别加到96孔PCR板上对应编号的反应孔中，每块PCR板有2个孔用2 μL超纯水替代DNA样品作为阴性对照，其余所加试剂完全一致。每块PCR板只检测一个送检品种。

从冰箱中取出试剂盒组分，并置于冰上融化，按照试剂盒说明书将2×KASP Master mix和KBD Assay mix混合，配制KASP基因分型混合液。配制前所有试剂均应充分融化并振荡混匀。

使用微量移液器将上述KASP基因分型混合液分别加入到已加入DNA样品的PCR板反应孔中，每孔加8 μL。用荧光透视的封板膜将PCR板密封，然后3 000 r/min，离心30 s。确认管中无气泡后，将PCR板放入荧光定量PCR仪中，扩展程序为：94 ℃预变性15 min；94 ℃变性20 s，61~55 ℃复性/延伸60 s（每循环降低0.6 ℃），共10个循环；94 ℃变性20 s，55 ℃复性/延伸60 s，共26个循环。PCR反应程序结束后，在仪器上采集荧光信号，信号采集程序设置为30 ℃，时间为60 s。

当采集的荧光信号较低分群较散时，可增加PCR循环数。程序设置如下：94℃变性20 s，57℃复性/延伸60 s，反应3个循环后，再次采集荧光信号。

③数据统计：不同样品在同一个SNP位点的荧光信号不同表示样品在该SNP位点的不同等位变异。通过荧光信号确定试验样品在该位点的等位变异并进行记录和统计。

④结果判定：当送检品种样品与参照品种间差异位点数大于等于2，则判定为"不同品种"；当送检品种样品与参照品种间差异位点数等于1，判定为"近似品种"；当送检品种样品与参照品种间差异位点数等于0，判定为"极近似品种或相同品种"。

另外，可将试验结果直接与附录D参照品种SNP碱基类型进行比对，当与参照品种一致时，可以鉴定为某一品种。

附 录

附录1　术语和定义

播种期：种子被播入土壤的具体时间。

出苗期：50%幼苗出土后为出苗期。

分蘖期：50%幼苗在茎的基部茎节上生长侧芽1 cm以上为分蘖期。

拔节期：50%植株的第一个节露出地面1~2 cm。

孕穗期：50%植株出现旗叶（剑叶）。

抽穗期：50%植株的穗顶由上部叶鞘伸出而显露于外时为抽穗期。

开花期：50%植株开花。

成熟期：80%以上种子成熟。

乳熟期：50%以上植株的籽粒内充满乳汁，并接近正常大小。

蜡熟期：50%以上植株籽粒接近正常，内呈蜡状。

完熟期：80%以上的种子完全成熟。

枯黄期：50%植株枯黄时为枯黄期。

生育天数：由出苗（返青）至种子成熟的天数。

生长天数：由出苗至枯黄期的天数。

株高：从地面至植株的最高部位（芒除外）的绝对高度为株高。

茎叶比：指牧草或饲料作物在植物构成中茎和叶的重量比率。

熟性：燕麦从播种到成熟所经历的时间长短，是衡量其生育期特性的重要指标。根据成熟时间，燕麦可分为以下三类：早熟、中熟、晚熟。根据不同地域环境条件，各个熟性的天数也有所不同。

千粒重：1 000粒试样籽粒的质量。

种子容重：单位容积内种子的质量。

配合力：指一个亲本（纯系、自交系或品种）材料在由它所产生的杂种一代或后代的产量或其他性状表现中所起作用相对大小的度量。又称结合力、组合力。亲本的配合力并不是指其本身的表现，而是指与其他亲本结合后它在杂种世代中体现的相对作用。

一般配合力：指一个亲本与一系列亲本所产生的杂交组合的性状表现中所起作用的平均效应。

特殊配合力：指一个亲本在与另一亲本所产生杂交组合的性状表现中偏离两亲本平均效应的特殊效应。

净度：被检燕麦种子样品中除去杂质和其他植物种子后，被检燕麦种子重量占样品总重量的百分率。

小穗轴：次生穗轴。在禾本科中专指着生小花的轴。

外稃：小花的外部（下部）苞片。包在颖果外侧的苞片。

内稃：小花的内部（上部）苞片。包在颖果内侧（腹向）的苞片。

芒：一种细长，直立或弯曲的刺毛。在禾本科中，通常是外稃或颖片中肋的延长物。

颖果：种皮与果皮紧密结合在一起的果实，如禾本科果实。

小穗：由一个或一个以上小花组成的禾本科花序单位，基部被一至二片不育颖片包着。

基盘：小花基部的增厚结构。

子叶：胚中的第一片叶。

旗叶：也叫剑叶，穗下的叶片。

小花：禾本科植物中的单个花。

颖片：小穗外部的两个膜质苞片。

种脐：种子从茎上脱落时留下的疤痕。

外稃：禾本科植物花的下位苞片。

圆锥花序：由多个穗状花序或总状花序组成的花序，花序轴呈分枝状，主轴顶端不终止生长，可继续向上延伸，并在各分枝上继续产生侧生花序。整个花序呈圆锥状，形似塔形或金字塔形。

小穗轴：小穗的轴。是小花及颖片的着生部位。

分蘖：指植物从主茎基部或地下茎（如根状茎、匍匐茎）的节上生长出侧枝（分蘖枝）的现象。这些侧枝能够独立生长，形成新的植株或补充主茎的生长。

发芽率：在规定的条件下和时间内产生正常幼苗数占供试种子的百分率。

其他植物种子：指除测定种外的所有种的种子。包括其他作物种子、其他牧草种子和杂草种子。

单倍体：是指体细胞中仅含有一个染色体组的生物体，通常用n表示。

二倍体：体细胞中具有两个染色体组的生物体，通常用$2n$表示

四倍体：体细胞中具有四个染色体组的生物体，通常用$4n$表示。

六倍体：体细胞中具有六个染色体组的生物体，通常用$6n$表示。

多倍体：体细胞中具有三个或三个以上染色体组的生物体。

基因组：配子的染色体集合，即单倍体染色体组。

杂交育种：是指通过人工控制不同遗传背景的植物个体（亲本）进行有性杂交，利用基因重组和分离机制，将双亲的优良性状聚合于后代，再通过多代选择和鉴定，培育出目标性状特性的新品种。

种内杂交：是指相同种的作物不同品种或品系之间进行杂交。

附 录

远缘杂交：是指不同属植物之间进行杂交，是植物育种中的一种重要技术之一。

诱变育种：是一种利用物理、化学或生物因素诱导生物体（如植物、微生物等）发生基因突变，进而从突变群体中筛选出具有优良性状的个体，并通过育种程序培育成新品种的育种方法。

双单倍体育种：双单倍体育种（Doubled Haploid Breeding，DH育种）是一种通过诱导产生单倍体植株，再经过染色体加倍处理获得纯合双单倍体植株，进而快速培育出纯合新品种的育种技术。

分子标记辅助育种：是利用分子标记与决定目标性状基因紧密连锁的特点，通过检测分子标记，即可检测到目的基因的存在，达到选择目标性状的目的，具有快速、准确、不受环境条件干扰的优点。

基因组选择育种：是一种利用覆盖全基因组的高密度标记进行选择育种的新方法。

基因工程：又称基因拼接技术和DNA重组技术，是以分子遗传学为理论基础，以分子生物学和微生物学的现代方法为手段，将不同来源的基因按预先设计的蓝图，在体外构建杂种DNA分子，然后导入活细胞，以改变生物原有的遗传特性、获得新品种、生产新产品的遗传技术。

回交法：通过将杂种后代（F_1代或其后代）与轮回亲本进行多次杂交，逐步将非轮回亲本（供体亲本）的特定优良性状导入轮回亲本的遗传背景中。通常表示为（A×B）×A，其中A为轮回亲本，B为非轮回亲本。

系谱法：系谱法是一种传统的育种选择方法，从杂种的第一次分离世代开始，选择优良的单株，并分别种植成株行（即系统）。在随后的世代中，继续在优良的系统中选择优良单株，直到选出性状优良且一致的系统，然后将其升级为品系进行产量比较试验。

系选：是一种基于单株选择的育种方法。在系选过程中，育种者根据目标性状的表现，从杂种后代中选择出表现优良的单株，并将其种植成株行（即系统）。随后，在连续的世代中，继续在优良的系统中选择优良单株，直到选育出性状稳定且一致的品系。

异源多倍体：具有两个以上不同来源染色体组的生物体。

异源四倍体：异源多倍体的同义词，通常指由两个不同物种杂交并染色体加倍形成的四倍体。

原种：用育种家种子繁殖的第一代至第三代，经确认达到规定质量要求的种子。

大田用种：用常规原种繁殖的第一代至第三代或杂交种，经确认达到规定质量要求的种子。

已知品种：现有公知公用品种，包括已申请保护的新品种、审定品种、在国内外公开出版物上介绍的有具体描述且能够得以繁殖的品种。

近似品种：在所有的已知品种中，相关特征或者特性与申请品种最为相似的品种。

标准品种：植物新品种测试中，用于性状分级的参照标准、辅助判断试验可靠性的品种。

特异性：申请品种权的植物新品种应当明显区别于在递交申请以前已知的植物品种。

一致性：申请品种权的植物新品种经过繁殖，除可以预见的变异外，其相关的特征或者特性一致。

稳定性：申请品种权的植物新品种经过反复繁殖后或者在特定繁殖周期结束时，其相关的特征或者特性保持不变。

DUS：植物特异性（Distinctness）、一致性（Uniformity）和

（续表）

生育期	性状主次	性状	类型	指标值	解释	性状类型/测量（观测）类型/DUS测试样本量	观测方法	观测最佳时期（见表3-5的观察记录代码编号）
2抽穗期和花期	2.1主要性状	旗叶	旗叶长	短<20 cm 中20~25 cm 长>25 cm	旗叶是茎上最上面的叶片，也是最后出现的叶片，又称剑叶	QN/MS/A	测量是从叶尖至旗叶叶鞘的基部连接处。最佳测量时期为开花开始至乳熟中期。一般资源评价测定至少5株，DUS测试要求测定10株，计算平均值	60~75
			旗叶宽	窄<15 mm 中15~20 mm 宽>20 cm		QN/MS/A	测最旗叶长应同一片叶子相对应。测量最宽处。一般资源评价测定至少5株，DUS测试要求测定10株，计算平均值	60~75
			旗叶下弯比率	缺失或极低	所有或几乎所有植株旗叶均为直线形（非下弯）	QN/VG/B	观测最佳时期为旗叶叶鞘米开至花存具5%~6%的小穗可见	47~51
				低	约1/4的植株旗叶下弯			
				中等	约1/2的植株旗叶下弯			
				高	约3/4的植株旗叶下弯			
				极高	几乎所有或所有植株旗叶均为下弯			

（续表）

生育期	性状主次	性状	类型	指标值	解释	性状类型/测量（观测）类型/DUS测试样本量	观测方法	观测最佳时期（见表3-5的观察记录代码编号）
2抽穗期和花期	2.1主要性状	旗叶	旗叶叶相	下披型	旗叶与穗下节间夹角为钝角，叶片自然下垂	QN/VG/B		60～75
				平展型	叶片保持水平展开状态，叶角接近90°			
				上举型	旗叶与穗下节间夹角为锐角，叶片直立向上			
		花序（穗）	花序（穗）颜色	浅/淡绿 中绿 深绿 蓝/灰绿 黄绿	带有蓝色的穗特别明显	QL/VG/A	群体目测，用反射光而不是透射光来判断，晴朗天气目背对太阳观测	60～75
		茎	茎粗	细 中等 粗		QN/MS/A	测定主茎穗下茎的直径，一般资源评价测定至少5株，DUS测试要求测定10株，计算平均值	60～75
		茎节	最上茎节被毛性状**	无毛或极少 少 中等 多 极多	有的毛分布在下面，有的分布在上面，也有上下都有分布	QN/VG/A	群体目测	60～69

· 232 ·

（续表）

生育期	性状主次	性状	类型	指标值	解释	性状类型/测量（观测）类型 DUS测试样本量	观测方法	观测最佳时期（见表3-5）的观察记录代码编号
2抽穗期和花期		叶部总体性状	叶下垂	全部直立 中间直立边缘下弯 全部下弯	此期叶片有的品种直立，有的轻轻下垂，叶片下垂程度和有的品种有关	QN/VG/B	群体目测	60~69
			叶量	稀少 丰富	一般商品种分蘖少，叶量也相对少；矮的品种分蘖多，叶量也相对多	QN/VG/B	群体目测	60~69
	2.2次要性状	旗叶	叶鞘灰白色蜡粉强度	无或极弱 中 强	旗叶表面存在一层灰白色或蓝白色的蜡质或粉状覆盖物	QN/VG/B	群体目测	60~69
		颖片	灰白色蜡粉强度**	无或极弱、弱、中、强、极强7	颖片表面存在一层灰白色或蓝白色的蜡质或粉状覆盖物	QN /VG/B	群体目测	65~69
		茎	茎节数	少<4个 中等4~6个 多>6个	燕麦茎节数指茎秆上节间的数量	QN /MG/A	统计主茎节数量，一般资源评价测定至少5株，DUS测试要求测定10株，计算平均值	50~69
3成熟期	3.1主要性状	株高**		低<110 cm 中110~130 cm 高>130 cm	从地面基部到穗顶端的高度	QN/MG/B	个体测量	80~85
		茎秆强度		弱 中 强	茎秆强度因土壤条件、水分供应及光照等因素而异	QN/MS/A	个体测量	70~87

(续表)

生育期	性状主次	性状	类型	指标值	解释	性状类型测量（观测）类型/DUS测试样本量	观测方法	观测最佳时期（见表3-5的观察记录代码编号）
3.成熟期	3.1主要性状	最上茎节茸毛		无或极弱 弱 中 强 极强	成熟期最上茎节上毛的有无及分布可以用于鉴定一些品种	QN/VG/A	群体目测，观测主茎最上茎节的茸毛分布情况	60~69
		穗长**		极短 短 中等 长 很长	穗从基部到顶端的直线距离	QN/MS/B/VG/B	测定是从穗最低节点至穗顶端绝对长度，一般资源评价测定至少5株，DUS测试要求测定10株，计算平均值	80~85
		生育期		Ⅰ 极早熟型：生育期≤75 d Ⅱ 早熟型：生育期76~85 d Ⅲ 中熟型：生育期86~100 d Ⅳ 晚熟型：生育期101~125 d Ⅴ 极晚熟型：生育期≥126 d	指燕麦整个生长周期，从燕麦出苗到种子成熟的天数，此熟性划分天数适宜我国北方内蒙古、河北坝上等冷凉地区	QN/VG/B	观测同是播种子处至完熟结束，统计从播种至完熟结束所需要的时间	92
	3.2次要性状	秆质地		细 粗		QN/MS/A	目前可以应用仪器测定一些与质地相关的指标	80~89
		落粒性		不落粒 中等 易落粒		QN/VG/B	群体目测	92

（续表）

生育期	性状主次	性状	类型	指标值	解释	性状类型（观测）类型/DUS测试样本量	观测方法	观测最佳时期（见表3-5的观察记录代码编号）
4穗部性状	4.1主要性状	穗	穗形	单侧型 中间型 周散型	单侧型指所有小穗仅着生于穗轴的一侧，而非两侧对称排列；周散型指所有小穗沿穗轴的周缘分散分布，而非集中于穗轴的一侧或中间型介于单侧型与周散型之间类型，小穗既有着生于单侧或中间型穗轴的周缘分布的一侧，也有少部分沿穗轴的周缘分散分布的小穗	QN/VG/B	群体目测	70~75
				侧散 侧紧 中间 周散 周紧	根据排列的紧密程度分为单侧松散型（侧散）、单侧紧密型（侧紧）；周松散型（周散）和周紧密型（周紧）。周紧和侧紧型品种的穗和侧紧型品种的穗节间短、枝梗短，而周散和侧散型品种的穗节间长、枝梗长	QN/VG/B	群体目测	70~75
			穗分枝姿态	直立 半直立 水平 下垂 强烈下垂	指花序（穗）中整体分枝小穗伸展的姿态	QN/VG/B	群体目测	70~75
		小穗	小穗形	纺锤 串铃	2~3粒 3粒以上	QN/VG/B	群体目测	70~75
				Ⅰ型 Ⅱ型 Ⅲ型	2~3粒 4~5粒 5粒种子以上			
			小穗着生姿态	直立 下垂	指小穗在穗轴上的排列方式和生长状态	QN/VG/B	群体目测	70~75

(续表)

生育期	性状主次	性状	类型	指标值	解释	性状类型(观测)/测量DUS测试样本量	观测方法	观测最佳时期(见表3-5的观察记录代码编号)
4穗部性状	4.1主要性状	小穗	初生粒基部耳毛数量#	无耳毛或极少 少量 多	稀少的毛分布在基部两边 每一侧均分布有一簇耳毛	QN/VG/A	群体目测	80~92
			初生粒基部耳毛的长度#	短 中等 长		QN/VG/A	群体目测	80~92
		芒	初生粒芒出现比率#	Ⅰ 无 Ⅱ 偶尔 Ⅲ 每小穗一个 Ⅳ 每小穗2个	几乎所有小穗上均无芒的发现 在许多花序上仅上面的小穗偶尔发现有芒 在第一个或最初小花上有芒 在第一和第二小花上均有芒	QN/VG/B	统计小穗中带芒种子出现比率,至少统计5株穗,计算平均数	80~92
		颖	颖长	<20 mm 中等20~25 mm 长>25 mm	也有更细划分为很短、短、中等、长、很长	QN/MS/A/VG/A	群体目测/个体测量	70~75
			颖宽	窄<7 mm 中等7~8 mm 宽>8 mm		QN/MS/A/VG/A	群体目测/个体测量	70~75
	4.2次要性状	芒	芒曲度	弱、中、强			群体目测	85~92
			芒颜色	深色(如褐色、黑色等)			群体目测	87~92
		花序(穗)分枝长度			从穗轴基部开始起至分枝穗头最长距离	QN/MS/A	测定分枝中最长分枝长度	70~90

（续表）

生育期	性状主次	性状	类型	指标值	解释	性状类型测量（观测）类型/DUS测试样本量	观测方法	观测最佳时期（见表3-5的观察记录代码编号）
4穗部性状	4.2次要性状	初生殷外稃灰白蜡粉强度***#	Ⅰ无或极弱	几乎不可见或极其微弱，几乎无法察觉	观测结果应反映蜡质（白霜状物质）的强度和范围（或面积），观测初生粒	QN/VG/A	群体目测	70～75
			Ⅱ弱	见，但相对较弱，不够明显				
			Ⅲ中	具有一定的可见度，既不过强也不过弱，处于中等水平				
			Ⅳ强	显可见，具有较强的表现力				
			Ⅴ极强	该特性极其明显，表现非常强				
		穗轴	穗轴粗长度	长 中等 短	轴长度也是区别一些品种的特征之一，根据穗轴的长度来估算整个穗的长度	QN/MS/B/VG/B	测量主茎花序上从穗的最下面第一个分枝节点至顶部绝对高度	最佳观测时期为种子处于水熟至完熟期
		皮裸性**	壳的有无	裸 皮	无释壳 带释壳	QL/VG/B	群体目测	80～92
5籽实性状	5.1主要性状	样色	外释颜色***#	白、黄、褐、黑	四种颜色比较明显，也有介于中间颜色，如黄白、白黄、浅褐、深褐等	QL/VG/A	群体目测	干种子，00
			内释颜色	白、褐、褐黄、黑、黄、浅黑、浅黄		QL/VG/A	群体目测	92

（续表）

生育期	性状主次	性状	类型	指标值	解释	性状类型测量（观测）/DUS测试样本量	观测方法	观测最佳时期（见表3-5的观察记录代码编号）
5籽实性状	5.1主要性状	籽粒（去壳种子）	粒色	白黄、褐、褐黄、黑黄、黑黄、花、红黄、红、浅红、浅黄、黄、黄黑、浅褐、浅黄		QL/VG/A	群体目测	92
			粒形	长筒、长圆、纺锤、卵形、椭圆、披针、披纺		QN/VG/A	群体目测	92
			大小	粗长、粗短、中等、细长、细小		QN/VG/A	群体目测	92
		小穗轴	初生粒小穗轴长度#	短<1.5 mm 中1.5~2.5 mm 长>2.5 mm	小穗轴是连接种子与穗轴的关键结构，在种子脱离下小穗，其内稃腹面基底仍有存留部分	QN/VG/A	群体目测或实测，观测初生粒性状	92
		基部挺腹		斜形 中间形 直形	种子从植株（穗轴）上脱落时留下的独特印记	QN/VG/A	群体目测	92
		千粒重（g）	轻 中等 重	1 000粒种子重量	千粒种子的重量（单位：克），是衡量种子质量的关键指标，反映种子大小、饱满度和活力	QN/MS/A	应用净度分析的全试样重量进行称数，燕麦净度分析全是试样重，重量要求不低于120 g，即用数粒仪测定不低于120 g燕麦种子的粒数，再换算成千粒重。种子水分要求≤13%	95
		容重			单位体积内种子的绝对重量，单位为克每升（g/L）	QN/MS/A	群体实测	95

（续表）

生育期	性状主次	性状	类型	指标值	解释	性状类型/测量（观测）类型/DUS测试样本量	观测方法	观测最佳时期（见表3-5的观察记录代码编号）
		初生粒	外稃的长度#	很短短中等长很长		QN/MG/A/MS/A	测定或观测初生穗的性状	92
			外稃背面茸毛#	无有	仅针对外稃颜色为褐色或黑色且主谷粒（外稃背面）有毛的品种	QL/VG/A	测定或观测初生穗的性状	80~92
5籽实性状	5.2次要性状	季节类型**	春季型中间型（半冬）冬季型		春季型燕麦也叫春燕麦，适应高寒地区（如黑龙江、青藏高原），耐寒性强（幼苗耐−2℃低温），抗倒伏。冬季型燕麦也叫冬燕麦，适合冬季温暖地区（如南方），耐低温能力较弱（幼苗耐2~3℃低温），需一生季无严寒。春燕麦春季播种，生长期相对短而冬燕麦在秋季播种，生长期比春燕麦相对长。介于两者之间为中间类型（半冬性）	PQ/VG		

注：测量/观测方法类型：MG-群体测量；MS-个体测量；VG-群体目测；VS-个体目测；性状类型分类：QL-质量性状；QN-数量性状；PQ-假质量性状；样本量：DUS测试要求：A-样本量为100株植物/植物部分/小穗行；B-样本量为2 000株植物；季节类型：W-冬季型；S-春季型；**：指测试指南中对国际同品种描述一性状具有重要意义的性状。除以下特殊情况外，所有成员国均需在DUS测试中强制检测此类性状，并将其纳入品种描述；#：指仅需在普通燕麦（Avena sativa L.）上观察的性状。

· 239 ·

附表2 美国燕麦属种拉丁名变化

燕麦种中文名	目前使用的拉丁学名	无效或目前不采用的名称
大穗燕麦	*Avena macrostachya* Balansa ex Coss. & Durieu	
不完全燕麦	*Avena clauda* Durieu	
异颖燕麦/绵毛燕麦	*Avena eriantha* Durieu	异型异名 *Avena pilosa*（Roem. & Schult.）M. Bieb.
偏凸燕麦	*Avena ventricosa* Balansa ex Coss	
短燕麦	*Avena brevis* Roth	同种异名 *Avena strigosa* Schreb. subsp. *brevis*（Roth）Husn.
西班牙燕麦	*Avena hispanica* Ard.	异型异名 *Avena agraria* Brot. *Avena strigosa* Schreb. subsp. *agraria*（Brot.）Tab. Morais *Avena strigosa* Schreb. var. *kewensis* Vavilov
裸燕麦/小粒裸燕麦	*Avena nuda* L.	自生名 *Avena nuda* L. var. *nuda* 异型异名 *Avena nudibrevis* Vavilov

(续表)

燕麦种中文名	目前使用的拉丁学名	无效或目前不采用的名称
砂燕麦	*Avena strigosa* Schreb.	自生名 *Avena strigosa* Schreb. subsp. *strigosa* *Avena strigosa* Schreb. var. *strigosa* 异型异名 *Avena strigosa* Schreb. subsp. *glabrescens* C. Marquand *Avena strigosa* Schreb. subvar. *unilateralis* Malzev *Avena strigosa* Schreb. var. *alba* C. Marquand *Avena strigosa* Schreb. var. *albida* (C. Marquand) Mordv. *Avena strigosa* Schreb. var. *albida* C. Marquand *Avena strigosa* Schreb. var. *candida* Mordv. ex Rodionova & Soldatov *Avena strigosa* Schreb. var. *fusca* C. Marquand

（续表）

燕麦种中文名	目前使用的拉丁学名	无效或目前不采用的名称
砂燕麦	*Avena strigosa* Schreb.	*Avena strigosa* Schreb. var. *gilva* Mordv. ex Rodionova & Soldatov
		Avena strigosa Schreb. var. *glabrata* Malzev
		Avena strigosa Schreb. var. *glabrescens*（C. Marquand）Thell.
		Avena strigosa Schreb. var. *hepatica* Mordv. ex Rodionova & Soldatov
		Avena strigosa Schreb. var. *intermedia* C. Marquand
		Avena strigosa Schreb. var. *melanocarpa* Mordv. ex Rodionova & Soldatov
		Avena strigosa Schreb. var. *nigra* C. Marquand
		Avena strigosa Schreb. var. *nigricans* Mordv. ex Rodionova & Soldatov
		Avena strigosa Schreb. var. *secunda* Mordv. ex Rodionova & Soldatov
		Avena strigosa Schreb. var. *semiglabra* Malzev
		Avena strigosa Schreb. var. *tephrea* Mordv. ex Rodionova & Soldatov
		Avena strigosa Schreb. var. *trichophora* Malzev
		Avena strigosa Schreb. var. *unilateralis*（Malzev）Rodionova & Soldatov
阿加迪尔燕麦	*Avena agadiriana* B. R. Baum & Fedak	

(续表)

燕麦种中文名	目前使用的拉丁学名	无效或目前不采用的名称
大西洋燕麦	A. atlantica B. R. Baum & Fedak	
		自生名
		Avena barbata Pott ex Link subsp. *barbata*
		Avena barbata Pott ex Link var. *barbata*
		异型异名
裂稃燕麦/细燕麦/细茎野燕麦	*Avena barbata* Port ex Link	*Avena barbata* Brot.
		Avena hirsuta Moench
		Avena strigosa Schreb. var. *solida* (Hausskn.) Malzev
		无效的名
		Avena alba auct.
加那利燕麦/加拿大燕麦	*Avena canariensis* B. R. Baum & Fedak	
大马士革燕麦	*Avena damascena* Rajhathy & B.R.Baum	
小硬毛燕麦	*Avena hirtula* Lagas	同型异名
		Avena barbata Pott ex Link subsp. *hirtula* (Lag.) Tab. Morais
长颖燕麦	*Avena longiglumis* Durieu	

(续表)

燕麦种中文名	目前使用的拉丁学名	无效或目前不采用的名称
卢斯塔尼燕麦	*Avena lusitanica*（Tab. Morais）B. R. Baum	原始学名 *Avena barbata* Pott ex Link subvar. *lusitanica* Tab. Morais 同型异名 *Avena barbata* Pott ex Link subsp. *lusitanica*（Tab. Morais）Romero Zarco
匍匐燕麦	*A. prostrata* Ladiz.	
威士燕麦沙漠燕麦	*A. wiestii* Steud.	同型异名 *Avena barbata* Pott ex Link var. *wiestii*（Steud.）Hausskn. 异型异名 *Avena barbata* Pott ex Link subsp. *weistii*（Steud.）Mansf.
阿比西尼亚燕麦埃塞俄比亚燕麦	*A. abyssinica* Hochst. ex A. Rich.	自生名 *Avena abyssinica* Hochst. ex A. Rich. f. *abyssinica* *Avena abyssinica* Hochst. ex A. Rich. var. *abyssinica* 异型异名 *Avena abyssinica* Hochst. ex A. Rich. f. *glaberrima* Chiov.

（续表）

燕麦种中文名	目前使用的拉丁学名	无效或目前不采用的名称
阿比西尼亚燕麦埃塞俄比亚燕麦	*A.abyssinica* Hochst. ex A. Rich.	*Avena abyssinica* Hochst. ex A. Rich. var. *braunii* (Körn.) Mordv.
		Avena abyssinica Hochst. ex A. Rich. var. *chiovendae* Mordv.
		Avena abyssinica Hochst. ex A. Rich. var. *glaberrima* (Chiov.) Cif.
		Avena abyssinica Hochst. ex A. Rich. var. *hildebrandtii* (Körn.) Cif.
		Avena abyssinica Hochst. ex A. Rich. var. *schimperi* (Körn.) Mordv.
		Avena abyssinica Hochst. ex A. Rich. var. *solidiflora* (Thell.) Mordv.
		Avena abyssinica Hochst. ex A. Rich. var. *subglaberrima* (Malzev) Mansf.
		Avena sativa L. var. *braunii* Körn.
		Avena sativa L. var. *hildebrandtii* Körn.
		Avena sativa L. var. *schimperi* Körn.
瓦维洛夫燕麦	*A.vaviloviana* (Malzev) Mordv.	原始学名
		Avena strigosa Schreb. subsp. *vaviloviana* Malzev
		自生名
		Avena vaviloviana (Malzev) Mordv. var. *vaviloviana*

(续表)

燕麦种中文名	目前使用的拉丁学名	无效或目前不采用的名称
		异型异名
瓦维洛夫燕麦	*A. vaviloviana* (Malzev) Mordv.	*Avena vaviloviana* (Malzev) Mordv. var. *glabra* (Hausskn.) Mansf.
		Avena vaviloviana (Malzev) Mordv. var. *intercedens* (Thell.) Mansf.
		Avena vaviloviana (Malzev) Mordv. var. *pilosiuscula* (Thell.) Mansf.
		Avena vaviloviana (Malzev) Mordv. var. *pseudoabyssinica* (Thell.) Mansf.
大燕麦/马罗卡燕麦	*Avena magna* H. C. Murphy & Terrell	Invalid Designation(s)
		Avena maroccana auct.
墨菲燕麦	*Avena murphyi* Ladiz.	
岛屿燕麦	*Avena insularis* Ladiz.	
		自生名
野燕麦/普通野燕麦	*Avena fatua* L.	*Avena fatua* L. subsp. *fatua*
		Avena fatua L. var. *fatua*

(续表)

燕麦种中文名	目前使用的拉丁学名	无效或目前不采用的名称
		异型异名
		Avena fatua L. var. *glabrata* Peterm.
		Avena fatua L. var. *glabrescens* Coss.
		Avena fatua L. var. *intermedia*（T. Lestib.）Lej. & Courtois
		Avena fatua L. var. *leiocarpa* Malzev
		Avena fatua L. var. *oligotricha* Malzev
野燕麦普通野燕麦	*Avena fatua* L.	*Avena fatua* L. var. *pilosissima*（Gray）Malzev
		Avena fatua L. var. *pilosissima* Gray
		Avena fatua L. var. *pseudoculta* Malzev
		Avena fatua L. var. *sparsepilosa* Malzev
		Avena fatua L. var. *trichocarpa* Malzev
		Avena fatua L. var. *vilis*（Wallr.）Hausskn.
		Avena intermedia T. Lestib.

（续表）

燕麦种中文名	目前使用的拉丁学名	无效或目前不采用的名称
杂交燕麦	*Avena hybrida* Peterm.	异型异名 *Avena fatua* L. subsp. *meridionalis* Malzev *Avena meridionalis*（Malzev）Roshev.
西方燕麦	*Avena occidentalis* Durieu	自生名 *Avena sativa* L. subsp. *sativa* *Avena sativa* L. var. *sativa* 同型异名 *Avena fatua* L. subsp. *sativa*（L.）Thell.
燕麦/普通栽培燕麦	*A. sativa* L.	异型异名 *Avena byzantina* K. Koch红燕麦/地中海燕麦 *Avena byzantina* K. Koch var. *alba* Mordv. ex Rodionova & Soldatov *Avena byzantina* K. Koch var. *albomutica* Mordv. ex Rodionova & Soldatov *Avena byzantina* K. Koch var. *anopla* Mordv. *Avena byzantina* K. Koch var. *byzantina*

(续表)

燕麦种中文名	目前使用的拉丁学名	无效或目前不采用的名称
燕麦普通栽培燕麦	*A. sativa* L.	*Avena byzantina* K. Koch var. *cinnamomea* Mordv. ex Rodionova & Soldatov
		Avena byzantina K. Koch var. *cremea* Mordv. ex Rodionova & Soldatov
		Avena byzantina K. Koch var. *culta*（Thell.）Mordv.
		Avena byzantina K. Koch var. *graeca* Mordv. ex Rodionova & Soldatov
		Avena byzantina K. Koch var. *incana* Mordv. ex Rodionova & Soldatov
		Avena byzantina K. Koch var. *induta* Thell.
		Avena byzantina K. Koch var. *maroccana* Mordv. ex Rodionova & Soldatov
		Avena byzantina K. Koch var. *monathera* Mordv. ex Rodionova & Soldatov
		Avena byzantina K. Koch var. *nigra* Mordv. ex Rodionova & Soldatov
		Avena byzantina K. Koch var. *rubra* Mordv. ex Rodionova & Soldatov
		Avena byzantina K. Koch var. *secundae*（Malzev）Malzev
		Avena byzantina K. Koch var. *solida*（Hausskn.）Maire & Weiller
		Avena byzantina K. Koch var. *ursina* Mordv. ex Rodionova & Soldatov
		Avena diffusa（Neilr.）Asch. & Graebn.

（续表）

燕麦种中文名	目前使用的拉丁学名	无效或目前不采用的名称
燕麦/普通栽培燕麦	*A. sativa* L.	*Avena diffusa* (Neilr.) Asch. & Graebn. var. *diffusa*
		Avena diffusa (Neilr.) Asch. & Graebn. var. *segetalis* Vavilov
		Avena diffusa (Neilr.) Asch. & Graebn. var. *volgensis* Vavilov
		Avena distans Schur
		Avena fatua L. subsp. *praegravis* (Krause) Malzev
		Avena nuda L. var. *mongolica* Pissarev ex Vavilov
		Avena orientalis Schreb.
		Avena praegravis (Krause) Roshev.
		Avena racemosa Thuill.
		Avena sativa Körn. var. *brunnea* Körn.
		Avena sativa L. subsp. *byzantina* (K. Koch) Romero Zarco
		Avena sativa L. subsp. *praegravis* (Krause) Mordv.
		Avena sativa L. var. *affinis* Körn.
		Avena sativa L. var. *aristata* Schltdl.

(续表)

目前使用的拉丁学名	无效或目前不采用的名称
Avena damascena Rajhathy & B.R.Baum	
Avena eriantha Durieu	Heterotypic Synonyms *Avena clauda* var. *solida* Hausskn. in Mitt. Thüring. Bot. Vereins, n.f., 6: 43（1894） *Avena eriantha* var. *acuminata* Coss. in Bull. Soc. Bot. France 1: 14（1854） *Avena pilosa*（Roem. & Schult.）M.Bieb. in Fl. Taur.-Caucas. 3: 84（1819），nom. illeg. *Trisetum pilosum* Roem. & Schult. in Syst. Veg., ed. 15bis. 2: 662（1817）
Avena fatua L.	Homotypic Synonyms *Avena patens* St.-Lag. in A.Cariot, Étude Fl., éd. 8. 2: 921（1889），nom. superfl. *Avena pilosa* Scop. in Fl. Carniol., ed. 2, 1: 86（1771），nom. superfl. *Avena sativa* subsp. *fatua*（L.）Thell. in Vierteljahrsschr. Naturf. Ges. Zürich 56: 319（1912） *Avena sativa* subsp. *fatua*（L.）Fiori in Nuov. Fl. Italia 1: 109（1923） *Avena sativa* var. *fatua*（L.）Fiori in Nuov. Fl. Italia 1: 109（1923） *Avena sterilis* subsp. *fatua*（L.）Bonnier & Layens in Tabl. Syn. Pl. Vasc. France: 359（1894） Heterotypic Synonyms *Anelytrum avenaceum* Hack. in Repert. Spec. Nov. Regni Veg. 8: 519（1910） *Avena ambigua* Schönh. in Fl. Thüringen: 517（1850），pro syn.

（续表）

目前使用的拉丁学名	无效或目前不采用的名称
Avena fatua L.	*Avena cultiformis*（Malzev）Malzev in Sornye Rast. Tadzikistana 1: 208（1934）
	Avena fatua var. *acidophila* Kiec in Stud. Grasses Poland: 15（2001）
	Avena fatua var. *alcaliphila* Kiec in Stud. Grasses Poland: 14（2001）
	Avena fatua var. *alta* Kiec in Stud. Grasses Poland: 17（2001）
	Avena fatua var. *altissima* Kiec in Stud. Grasses Poland: 17（2001）
	Avena fatua subsp. *brevipilosa* Kiec in Stud. Grasses Poland: 16（2001）
	Avena fatua subsp. *cultiformis* Malzev in Trudy Prikl. Bot., Prilož. 38: 344（1930）
	Avena fatua f. *deserticola* Hausskn. in Mitt. Thüring. Bot. Ges. 13-14: 46（1899）
	Avena fatua var. *elongata* Malzev in Trudy Prikl. Bot., Prilož. 38: 309（1930）
	Avena fatua subsp. *glabrata*（Peterm.）Piper & Beattie in Fl. N.W. Coast: 46（1915）
	Avena fatua var. *glabrata* Peterm. in Fl. Bienitz: 13（1841）
	Avena fatua var. *glabrescens* Coss. & Durieu in M.C.Durieu de Maisonneuve, Expl. Sci. Algérie 2: 113（1855）
	Avena fatua var. *gravis* Kiec in Stud. Grasses Poland: 17（2001）
	Avena fatua var. *hyugaensis* Yamag. in Jap. J. Breed. 25: 45（1975）
	Avena fatua var. *intermedia*（T.Lestib.）Lej. & Courtois in Comp. Fl. Belg. 1: 71（1828）
	Avena fatua subsp. *intermedia* Nyman in Consp. Fl. Eur.: 810（1882）
	Avena fatua var. *leiocarpa* Malzev in Trudy Prikl. Bot., Prilož. 38: 347（1930）

附图3　燕麦不同大小叶片

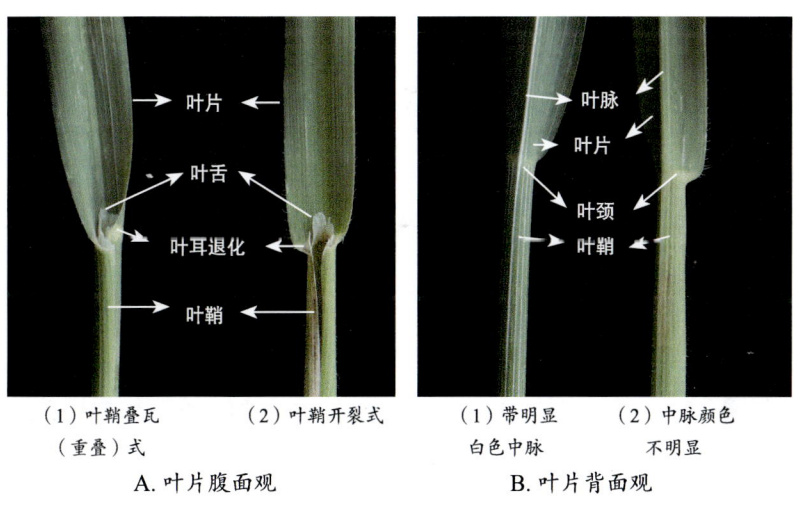

（1）叶鞘叠瓦　　（2）叶鞘开裂式　　　（1）带明显　　（2）中脉颜色
（重叠）式　　　　　　　　　　　　　白色中脉　　　不明显
A. 叶片腹面观　　　　　　　　　　　B. 叶片背面观

附图4　燕麦叶片背腹面结构

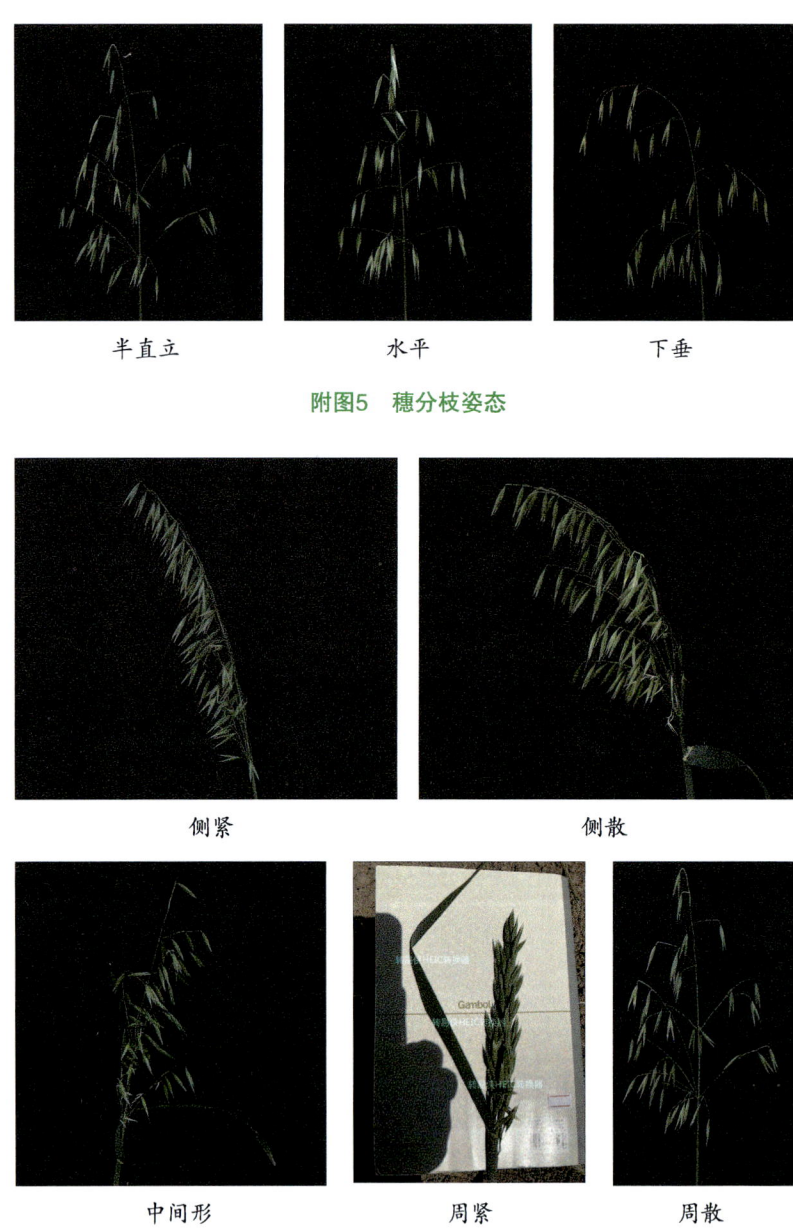

半直立　　　　　水平　　　　　下垂

附图5　穗分枝姿态

侧紧　　　　　　　　侧散

中间形　　　　　周紧　　　　　周散

附图6　穗形

上举型　　　　中间型　　　　平展型　　　　下披型

附图7　旗叶叶相

两颖等长　　　　　　　　两颖近等长

附图8　燕麦两颖片类型划分图

直立型　　　　　下垂型

附图9　小穗着生姿态

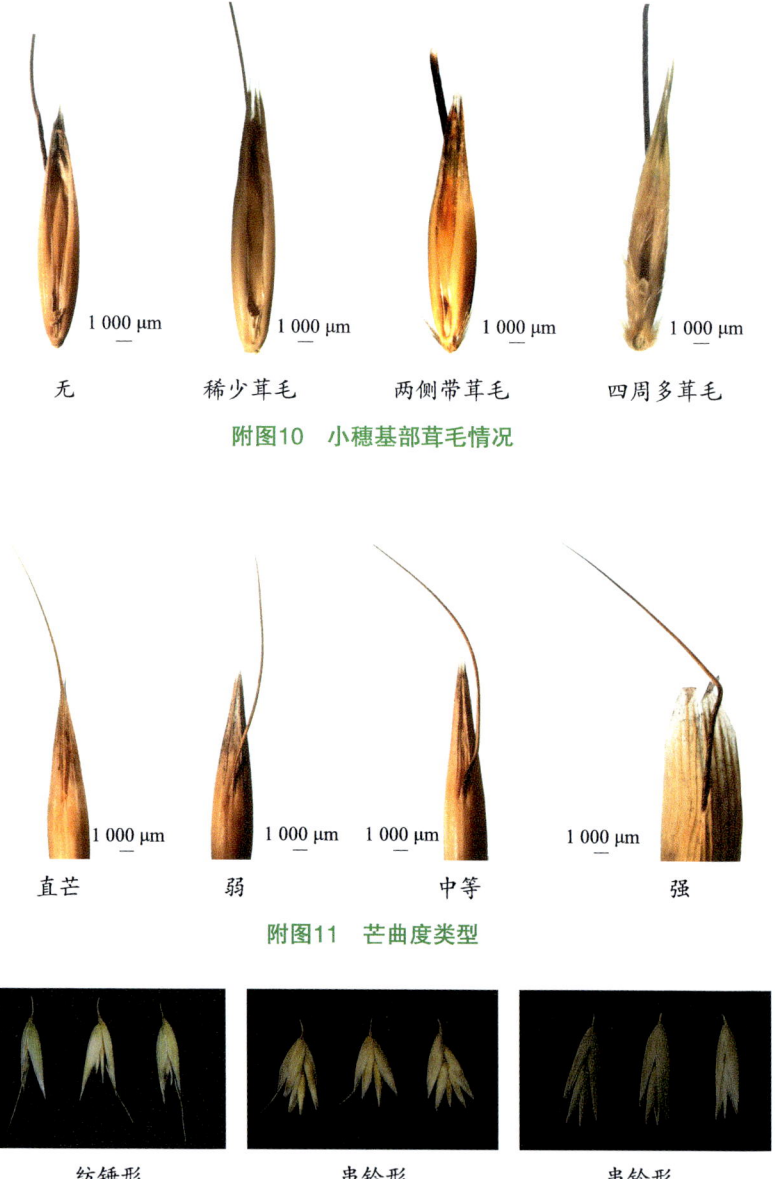

附图10　小穗基部茸毛情况

无　　　稀少茸毛　　　两侧带茸毛　　　四周多茸毛

附图11　芒曲度类型

直芒　　　弱　　　中等　　　强

附图12　燕麦小穗形

纺锤形　　　串铃形　　　串铃形

附 录

短　　　　　　　　中　　　　　　　　长

附图 13　小穗轴长度类型

附图14　燕麦资源圃（北京昌平）

附图15　燕麦杂交（北京上庄）　　　　附图16　燕麦温室加代
（中国农业大学研究生在进行燕麦杂交）

附图17　燕麦品比试验（宁夏平罗）

A. 第一茬（2023年7月）　　　　B. 第二茬复种（2023年10月）

附图18　燕麦一年两茬复种生产试验（A，B）（乌兰察布）

附图19　燕麦资源评价指标测定（中国农业大学上庄实验站）

附图20　燕麦倒伏现象